Wissen
auf einen Blick

Ozeane und Tiefsee

Bildnachweis

Alfred-Wegener-Institut/Hans Oerter: 143
British Oceanographic Data Centre im Auftrag von IOC und IHO, 2003: 99
ESA: 53
Greenpeace/Roger Grace: 169
HZI/Lünsdorf: 155
IFM-GEOMAR, Kiel/Jamileh Javidpour: 177
Ifremer/Campagne ARK XIX: 119
Institut für Geowissenschaften der Universität Tübingen/U. Neumann: 117
Roland Knauer: 15, 17, 91, 197, 199
mauritius images: 6 (Pacific Stock), 9 (Dirk von Mallinckrodt), 13 (Michael
Jostmeier), 19 (Steve Vidler), 21 (Oxford Scientific), 23 (Fritz Breig), 25 (Rene
Truffy), 29 (Michael Obert), 31 (Reiner Harscher), 41 (Thorsten Milse), 45
(imagebroker.net), 47 (Michael Runkel), 55, 59 (Phototake), 69 (Stock Image),
73 (Photo Resource), 75 (Reinhard Dirscherl), 77 (Gerard Lacz), 81, 83 (age), 85
(Tsuneo Nakamura), 89 (Bernd Römmelt), 93 (Eckart Pott), 97 (Edith Laue), 111
(dieKleinert), 121 (age), 125 (Michael Runkel), 131 (Danita Delimont), 139 (image-
broker.net), 147 (CuboImages), 157 (age), 165 (Carl-Werner Schmidt-Luchs), 183
(Oxford Scientific), 185 (FreshFood), 187 (Reinhard Dirscherl), 189 (Pacific Stock),
191 (Danita Delimont), 193 (Oxford Scientific), 195 (Manfred Mehlig)
NASA/GSFC/Jacques Descloitres, MODIS Rapid Response Team: 35, 161, 173
NASA/GSFC/Reto Stöckli: 11
NIWA: 57
NOAA/David Burdick: 167
photos.com: 163
picture-alliance: 5 (chromorange), 27 (Chad Ehlers), 43 (akg-images/Erich Lessing),
63 (chromorange), 109 (Helga Lade), 129 (kpa), 149 (maxppp), 171 (ZB), 179 (HB
Verlag), 181 (Bildagentur Huber), 203 (akg-images)
picture-alliance/dpa: 39, 67, 71, 79, 87, 95, 103, 107, 123, 127, 133, 135, 137,
145, 151, 153, 205
picture-alliance/Okapia: 33, 37, 51, 61, 65, 113, 115, 159, 175, 207
Rutgers University/Stephen Low Company and Richard A. Lutz: 105
SkySails: 141
Smithsonian Institution/Chip Clark: 49
UCSB, Univ. S. Carolina, NOAA, WHOI: 101
Kerstin Viering: 201

Kartografie: Erich Hornung – Inh. Dr. Peter Aschenberner, Ingenieurbüro für
Kartographie und Geo-Dienstleistungen, Hannover
Schummerungsdarstellung und Meerestiefenschichten: sciLands GmbH,
Gesellschaft zur Bearbeitung digitaler Landschaften, Göttingen

© Naumann & Göbel Verlagsgesellschaft mbH
Gesamtherstellung: Naumann & Göbel Verlagsgesellschaft mbH, Köln
Realisation und Redaktion: Guido Huß, Neslihan Kilic, Michaela Salden,
Anja Schlatterer (red.sign GbR, Stuttgart)
Alle Rechte vorbehalten

ISBN 978-3-625-12033-9

www.naumann-goebel.de

**Wissen
auf einen Blick**

Ozeane und Tiefsee

Kerstin Viering und Roland Knauer

Inhalt

Vorwort

Aus dem Weltraum betrachtet schimmert die Erde in einem satten, dunklen Blau. Diese ungewöhnliche Farbe, die sie von allen anderen Planeten in unserem Sonnensystem unterscheidet, verdankt sie vor allem ihren gewaltigen Wasservorräten. Denn etwa 70 % ihrer Oberfläche sind von Meeren bedeckt.

Schon früh in ihrer Geschichte haben Menschen fasziniert auf diese scheinbar unendliche Welt aus Wellen, Gischt und spiegelndem Wasser geschaut. Was verbarg sich unter der glitzernden Oberfläche? Gab es in den Fluten Lebewesen oder andere Schätze, die man nutzen konnte? Und welche geheimnisvollen Inseln und Kontinente lagen jenseits davon? Generationen von Seeleuten haben sich im Lauf der Jahrtausende aufgemacht, um Antworten auf diese Fragen zu finden. Sie haben sich zunächst in Küstennähe auf die Planken schwankender Boote gewagt, um die Speisekarte ihrer Familien mit Fisch und Meeresfrüchten zu bereichern. Mit der Zeit wurden die Wasserfahrzeuge besser, die Seereisen weiter. Menschen erkundeten die großen Ozeane, zu denen Geografen den Atlantik, den Pazifik, den Indischen Ozean sowie das Nord- und das Südpolarmeer zählen. Doch auch deren Nebenmeere wie Mittelmeer und Nord- und Ostsee boten Herausforderungen für Seefahrer. Und als im 20. Jh. die dazu nötigen technischen Geräte erfunden wurden, wagten sich Menschen sogar hinab in die Tiefsee.

Trotz der jahrtausendelangen Anstrengungen aber hat das Meer noch längst nicht alle seine Geheimnisse preisgegeben. Noch immer verbergen sich unter der glitzernden Oberfläche zahlreiche Arten, die niemand kennt. Erst allmählich verstehen Wissenschaftler, wie das komplizierte Netzwerk aus Bakterien, Algen, kleineren und größeren Tieren so verknüpft ist, dass die einzelnen Arten ihren Anteil zum Funktionieren des Ökosystems Ozean beitragen können. Da gilt es z. B., die Leistung winziger Mikroorganismen zu analysieren, die sämtliche Stoffkreisläufe am Laufen halten. Ohne sie würde nicht nur der Lebensraum Meer ganz anders aussehen, auch dem Leben an Land würde rasch der Sauerstoff zum Atmen fehlen. Selbst deutlich auffälligere Meeresbewohner wie Wale, Robben und Haie geben immer noch Rätsel auf. Erst mithilfe der modernen Technik tragen Biologen heute Mosaikstein um Mosaikstein zusammen, um deren Speisezettel und Liebesleben, Wanderrouten und sonstiges Leben zu verstehen. Die geheimnisvollste Region der Ozeane aber ist die Tiefsee. Nur mit Spezialausrüstung können Wissenschaftler dorthin vordringen, jede solche Expedition bringt neue Überraschungen. Da tauchen bizarre Lebewesen mit erstaunlichen Talenten auf, die bei hohem Druck und in ewiger Dunkelheit überleben und die sogar der Hitze und den ätzenden Chemikalien heißer Tiefseequellen trotzen.

Allerdings drohen viele dieser faszinierenden Meeresbewohner allmählich zu verschwinden. Denn die Ozeane der Erde haben mit einer ganzen Palette von menschgemachten Problemen zu kämpfen. Öl, Gifte und Dünger belasten das Wasser, Fangflotten plündern die Fischbestände und ziehen unabsichtlich auch zahlreiche andere Meerestiere aus dem Wasser. Mit der Zerstörung der Meeresökosysteme aber schadet der Mensch sich selbst. So entstehen durch den Zusammenbruch von Fischbeständen gewaltige wirtschaftliche Schäden, die sich ausbreitenden Quallen und Giftalgen können zum Gesundheitsrisiko werden. Und was passiert, wenn die winzigen Sauerstoffproduzenten in den Weltmeeren ihre Arbeit nicht mehr richtig erledigen, wagt sich niemand vorzustellen. Der Schutz der Wasserwelten ist also auch für uns Landbewohner eine ernste Überlebensfrage geworden.

Der besondere Stoff
Wasser hat einmalige Eigenschaften

Kein eigener Geruch oder Geschmack, keine dekorative Farbe – und in der Regel auch keine spektakulären Explosionen oder andere chemische Knalleffekte. Auf den ersten Blick scheint es spannendere Substanzen zu geben als Wasser. Doch wer diese Verbindung genauer unter die chemische Lupe nimmt, entdeckt ihre ungewöhnlichen Talente.

Brücken im Wasser

Jedes Wasserteilchen besteht aus zwei Wasserstoffatomen und einem Sauerstoffatom. Diese Bausteine hängen aber nicht einfach wie in einer Kette aneinander. Vielmehr sind die beiden Wasserstoffatome nach einer Seite des Gebildes verschoben – wie zwei Beine mit einem Winkel von genau 105 Grad dazwischen. Durch diese Anordnung ist die Wasserstoffseite ganz leicht positiv geladen, die Sauer-

Eine Lösung für alle Fälle

Wasser ist eines der besten Lösungsmittel, die es gibt. Es ist deshalb ein wichtiger Bestandteil aller Lebewesen. Die Körper der meisten Organismen bestehen zu mehr als 65% aus Wasser. Bei Meerestieren liegt der Anteil deutlich höher, Quallen bringen es gar auf 95%.

stoffseite negativ. Unterschiedliche elektrische Ladungen aber ziehen sich an. Also lagern sich mehrere Wasserteilchen so zusammen, dass sich jeweils ein Wasserstoff- und ein Sauerstoffende gegenüberliegen. So bildet sich eine Art lockeres Netz aus Wassermolekülen. Die schwachen Bindungen zwischen diesen Teilchen nennen Chemiker „Wasserstoffbrücken". Im Eis verfestigen sich diese Strukturen zu Kristallen. Wenn das Eis schmilzt, bekommen die Wasserteilchen mehr Bewegungsfreiheit. Die Wasserstoffbrücken lösen sich dann immer wieder und bilden sich rasch wieder neu. Und wenn die Flüssigkeit schließlich verdampft, brechen die Wasserstoffbrücken ganz auseinander. Dafür aber ist eine ganze Menge Energie nötig, sodass Wasser erst bei der relativ hohen Temperatur von 100 °C verdampft. Chemiker haben ausgerechnet, dass der Siedepunkt von Wasser ohne Wasserstoffbrücken weit unter 0 °C läge. Nur dank dieser schwachen Anziehungskräfte gibt es also überhaupt flüssiges Wasser auf der Erde.

Schwimmendes Eis

Damit aber nicht genug der Besonderheiten. Die meisten chemischen Substanzen dehnen sich aus, wenn man sie erwärmt und ziehen sich zusammen, wenn man sie abkühlt. Bei

tiefen Temperaturen hat der Stoff also eine größere Dichte. Das durch Wasserstoffbrücken zusammengehaltene Teilchennetz dagegen hat bei knapp 4 °C die größte Dichte. Bei dieser Temperatur ist das Wasser also schwerer als bei jeder anderen, es sinkt zu Boden. Gewässer frieren deshalb nie vom Grund aus zu, sodass Tiere in der Tiefe auch im Winter überleben können.

Eis dagegen bildet sich von der Oberfläche aus. Wenn Wasser gefriert, nimmt sein Volumen schlagartig um etwa 9 % zu. Eis ist also leichter als flüssiges Wasser – es schwimmt. Auch das hat Konsequenzen. Ohne diese besondere Struktur würde das Eis der Polarmeere in die Tiefe sinken und sich dort nach und nach zu riesigen Eisgebirgen auftürmen. Die Polarmeere wären also komplett gefroren. Und das würde wohl auch die globalen Meeresströmungen verändern, die wie auf gewaltigen Transportbändern warmes Wasser aus den Tropen nach Norden und kaltes von dort nach Süden schaufeln. Das Klima auf der Erde würde deshalb ganz anders aussehen, vermutlich wären auch die mittleren Breiten weitgehend vereist.

Wasser ist ein ganz besonderer Stoff.

Glücksfall im richtigen Abstand

Flüssiges Wasser gibt es im Sonnensystem nur auf der Erde

Die Erde ist etwas ganz Besonderes – spätestens als die Astronauten aus dem All Bilder vom „Blauen Planeten" mitbrachten, die die Erde als leuchtend blaues Juwel zeigten, erloschen die letzten Zweifel an dieser Behauptung. Kein anderer Himmelskörper im Sonnensystem strahlt in einem derart intensiven Blau. Der dritte Planet aber ist in vielerlei Hinsicht ein Glücksfall. So kreist die Erde genau im richtigen Abstand um die Sonne, um in einem angenehmen Klima Leben entstehen zu lassen.

Aus Staub entstehen Meteoriten

Wie dieser Glücksfall Erde entstand, ist zwar längst bekannt, entscheidende Details aber kristallisieren sich nur langsam heraus. Völlig klar ist jedenfalls, dass die Erde ganz am Anfang keineswegs das blaue Juwel war, als das sie heute über dem Horizont des Mondes aufgeht. Vielmehr sah es in der Umgebung der Sonne erst einmal recht wüst aus, als das Zentralgestirn vor ungefähr 4,6 Mrd. Jahren im wahrsten Sinn des Wortes das Licht der Welt erblickte. Jede Menge Material war bei der Entstehung der Sonne übrig geblieben und kreiste als gigantische Scheibe aus Staub und Gas um den gerade geborenen Feuerball. Zufällig stießen immer wieder Staubteilchen

zusammen, manche blieben aneinander kleben und stießen mit weiteren Körnern in der Umgebung zusammen. Einige Millionen Jahre lang kollidierten solche Körner miteinander, bildeten größere Trümmer, die wieder miteinander zusammenstießen und so kleine Meteoriten schufen. Diese Brocken zogen wie ein kleiner Magnet mit ihrer Schwerkraft den Staub und die Körner aus der Umgebung zu sich hin und wuchsen so stetig weiter.

Zone des Lebens

Ähnlich wie die Erde entstanden im Sonnensystem auch die Planeten Merkur, Venus und Mars. Für die Entstehung des Lebens wie wir es auf der Erde kennen setzen Wissenschaftler flüssiges Wasser als Grundlage voraus. Da der Merkur zu nahe an der Sonne ist, würde dort alles Wasser verdampfen, Leben könnte dort nicht entstehen. Die Venus ist mit ihrer dichten Atmosphäre und einem starken Treibhauseffekt ebenfalls viel zu heiß für flüssiges Wasser, Leben sollte auch dort nicht entstanden sein. So kommen im Sonnensystem nur die Erde und der Mars als Wiege alles Lebendigen in Frage. Der Mars ist heute allerdings zu kalt, um große Mengen flüssigen Wassers zu enthalten.

Höllischer Anfang

Je größer so ein Brocken wurde, desto stärker wurde seine Schwerkraft und desto heftiger stürzten die angezogenen Körner und Brocken auf ihn auf. Mit der Zeit erreichten sie ein solches Tempo, dass sie an der Aufschlagstelle den großen Himmelskörper zu schmelzen begannen. Gleichzeitig lieferte die Radioaktivität aus dem Inneren Hitze nach außen und der bald planetengroße neue Himmelskörper verwandelte sich von einer Steinwüste in einen Magma-Ball aus flüssigem Gestein. Das geschah bei der Erde vor 4,56 Mrd. Jahren. Wie in jeder anderen Flüssigkeit auch sackten die schweren Stoffe wie Eisen und Nickel in der Magmakugel auf das Zentrum zu nach unten. Mit der Zeit bildete sich so der Erdkern, der noch heute vor allem aus diesen beiden Elementen besteht. Auch eine erste Atmosphäre hatte der Globus damals schon, eine Gaswolke aus Helium und Wasserstoff hüllte ihn ein – diese Gase waren bei der Bildung der Sonne übrig geblieben. Bald aber blies der heftig wehende Sonnenwind die leichten Gase davon und die junge Erde hatte ihre erste Atmosphäre wieder verloren.

Einzigartig im Sonnensystem: der „Blaue Planet".

40 000 Jahre Dauerregen

Wie die Weltmeere entstanden

Kurz nach Entstehung der Erde prasselten viele Meteoriten auf den jungen Himmelskörper. Erst nach vielen Millionen Jahren hatten die Planeten den Himmel mit ihrer Anziehungskraft weitgehend leer gefegt, das Dauerbombardement ließ nach und die Erdkruste konnte langsam fest werden. 3,8 Mrd. Jahre ist das älteste Gestein alt, das Geologen bisher fanden.

Die zweite Atmosphäre

Allerdings war nur eine dünne Kruste an der Oberfläche fest, darunter war die Erde nach wie vor flüssig. Aus diesem Magma gasten ähnlich wie heute noch viele leichte Verbindungen aus. Da die Kruste inzwischen kälter war, konnte der Sonnenwind diese Gase nicht mehr so leicht wegblasen, es entstand eine zweite Atmosphäre. Vor 4 Mrd. Jahren bestand sie aus rund 80 % Wasserdampf, 10 % Kohlendioxid und 5–7 % Schwefelwasserstoff sowie kleineren Mengen einer Reihe anderer Gase. Langsam fielen die Temperaturen weiter, bis eines Tages der Siedepunkt des Wassers unterschritten war. In diesem Moment setzte der erste Regen ein, der erst nach rund 40 000 Jahren Dauer wieder aufhörte, als der meiste Wasserdampf aus der Luft verschwunden war. Genau dieser Dauerregen aber fand auf dem Nachbarplaneten Venus nie statt, weil die Venus erheblich enger um die Sonne kreist und die Temperaturen somit immer höher blieben. Heute ist die Venus daher eine Art überdimensionale Sauna mit Temperaturen um 500 °C und sehr hohem Luftdruck.

Die ersten Ozeane

Die Erde dagegen hat seither Ozeane, die durch Einschläge von wasserhaltigen Asteroiden immer weiter aufgefüllt wurden. In den neuen Ozeanen lösten sich auch große Mengen des Kohlendioxids aus der Atmosphäre, Kohlensäure entstand, die sich mit der Zeit in Kalkstein verwandelte und als Gestein ablagerte. So verschwand auch das Treibhausgas aus der Luft, das in der Atmosphäre der Venus noch heute vorhanden ist und dem Schwesterplaneten der Erde wahrhaft höllische Temperaturen beschert. Methan und Ammoniak wurden vom kräftigen ultravioletten Licht der Sonne damals in Wasserstoff und Stickstoff zerlegt. Während der Wasserstoff langsam in den Weltraum entwich, blieb der Stickstoff zurück und bildet noch heute den größten Teil der Atmosphäre des „Blauen Planeten".

Erst als flüssiges Wasser vorhanden und die Temperaturen auf erträgliche Werte gefallen waren, konnte das Leben entstehen, das wir heute auf der Erde kennen.

Sturzgeburt des Mondes

Kaum war die Erde 30 Mio. Jahre alt, durchlebte der junge Planet die schlimmste Katastrophe seiner Geschichte. Ein anderer junger Planet, der nur wenig größer war als der heutige Mars mit seinen 6794 km Durchmesser, traf die Erde in einem Streifschuss und ließ den Globus beinahe zerbrechen.

Der Aufprall riss die Hülle der heute mit 12756 km Durchmesser viel größeren Erde praktisch bis zu ihrem Kern hinunter auf und schleuderte Teile der leichten Elemente in die Erdumlaufbahn. Der schwere Kern des Theia genannten anderen Planeten verschmolz schließlich mit dem Kern der Erde.

Ein Teil der hochgeschleuderten Hüllenpartikel fiel bald wieder auf den Globus zurück. Gigantische Mengen der hochgeschleuderten leichten Elemente aber blieben in der Umlaufbahn um die Erde. Dieses Material ballte sich schließlich zu einem neuen Himmelskörper, dem Mond, zusammen.

Ein 40 000 Jahre strömender Dauerregen
bescherte der Erde ihre Ozeane und machte sie
zum „Blauen Planeten".

Gleitmittel im Inneren
Wie die Plattentektonik die Erde in Wasser und Land teilt

Gemächlich – nur wenige Zentimeter im Jahr – und unaufhaltsam gleiten Platten mit ganzen Kontinenten und Ozeanen auf ihrem Rücken über die tieferen Schichten des Erdinneren. Das Schmiermittel für diesen Prozess ist Wasser, das Tief im Inneren der Erde aus dem Gestein austritt.

Wasser im Mantel

Im Erdmantel gibt es in Tiefen zwischen 40 und 2900 km erhebliche Mengen Wasser. Noch einmal rund die Hälfte der Flüssigkeitsmenge der Weltmeere ist dort unten unter gewaltigem Druck in das Gestein gepresst, welches Olivin und Orthopyroxen als wichtige Bestandteile enthält. Wenn mit der Tiefe der Druck zunimmt, kann Olivin immer mehr, Orthopyroxen dagegen aber immer weniger Wasser aufnehmen. Und da diese Zunahme und Abnahme nicht gleichmäßig erfolgt, können verschiedene Tiefen auch jeweils unterschiedliche Wassermengen aufnehmen. In einer Tiefe zwischen 60 und 220 km passt daher das vorhandene Wasser nicht mehr vollständig ins Gestein, hat Hans Keppler von der Universität Bayreuth im Jahr 2007 entdeckt.

Während unter und über dieser „Asthenosphäre" genannten Schicht im Erdinneren alles vorhandene Wasser also im Gestein fest-sitzt, gibt es in der Asthenosphäre selbst auch ein wenig „richtiges" Wasser außerhalb der Mineralien. Solche Wasserspuren aber können den Schmelzpunkt von Gestein drastisch verringern. Da unter Ozeanen die Temperatur mit der Tiefe deutlich schneller wächst als unter Kontinenten, gibt es schon 60–80 km unter dem Meer kleine Bereiche, in denen ein wenig Gestein geschmolzen ist, weil dort Wasser den Schmelzpunkt verringert.

Auch wenn das meiste Gestein fest bleibt, genügen diese geschmolzenen Zonen, um das Gestein insgesamt erheblich weicher zu machen. Unter Kontinenten beginnt dieses teilweise Aufschmelzen dagegen erst in 150 km Tiefe.

Olivin und Plattentektonik

Egal ob unter dem Meer oder unter Kontinenten, in 220 km Tiefe wird das Gestein wieder härter. Dort kann das Olivin so viel Wasser aufnehmen, dass keine Flüssigkeit mehr übrig bleibt, die den Schmelzpunkt von Gestein verringern könnte. Die weichere Asthenosphäre in Tiefen zwischen 220 und 60 km aber spielt eine entscheidende Rolle für das Entstehen von Kontinenten und Meeren, weil auf diesem weichen Gestein die Erdplatten langsam gleiten.

Dicke und dünne Platten

Geologen kennen auf der Erde im Prinzip zwei Plattentypen: Die sogenannte ozeanische Erdkruste entsteht an lang gestreckten Rücken neu und taucht an anderer Stelle nach spätestens 200 Mio. Jahren wieder in die Tiefe ab. Solche aus dem Blickwinkel eines Geologen sehr jungen Platten sind zwischen 5 und 8 km dick.

Erheblich älter und vor allem auch dicker ist die kontinentale Erdkruste. Diese Platten erreichen im Durchschnitt 35 km Mächtigkeit, können aber unter Gebirgen auch bis zu 80 km dick sein. Beide Plattentypen „schwimmen" auf dem unter ihnen liegenden Erdmantel.

Genau wie ein großer Eisberg meist höher aus dem Wasser ragt als ein kleiner, liegt auch die Oberfläche der kontinentalen Platten erheblich höher als die der ozeanischen Platten. Das flüssige Wasser auf der Erde wiederum fließt nach unten. Es sammelt sich daher an den tiefsten Stellen der Erdoberfläche und damit zumeist über den ozeanischen Platten.

Geschmolzenes Gestein wie bei diesem Vulkanaus-
bruch bildet in 60–220 km Tiefe das Gleitmittel für
die Bewegungen der Platten.

Welt im Wandel
Die Ozeane verändern sich

Wenn Kontinente wandern und Ozeanboden neu entsteht, kann das nur eines bedeuten: Die Größe, Lage und Gestalt der Meere ändert sich im Lauf der Jahrmillionen. Die Erde verwandelt ihr Gesicht. Vor 225 Mio. Jahren zum Beispiel hätte der Blick aus dem All einen ganz anderen Planeten gezeigt als heutzutage.

Pangäa zerfällt

Die Erdteile hingen damals in einem gewaltigen Superkontinent zusammen, der vom Nord- bis zum Südpol reichte. Rings um diese „Pangäa" genannte Landmasse erstreckte sich ein einziger weltumspannender Urozean namens „Panthalassa". Eine riesige Bucht dieses Ozeans, die sich tief in die Ostküste des Kontinents schob, haben Wissenschaftler nach einer Figur aus der griechischen Mythologie auf den Namen „Tethys-Meer" getauft.

Mit dieser übersichtlichen Anordnung von Land und Meer aber sollte es bald vorbei sein. Vor etwa 220 Mio. Jahren begann Pangäa zu zerbrechen. In den folgenden Jahrmillionen verteilten sich Wasser und Land neu. Risse zogen sich durch die Landmassen, Bruchstücke wanderten in andere Weltregionen. So trennte sich das heutige Nordamerika von Südamerika und Afrika, die zunächst noch zusammenhingen. Zwischen beiden Landmassen tat sich eine wassergefüllte Lücke auf – der Nordatlantik war geboren. Dieser Riss wurde immer größer und trennte schließlich auch das heutige Nordamerika von Eurasien. Gondwana im Süden umfasste Südamerika, Afrika, Indien, Australien und die Antarktis.

Trockenes Mittelmeer

Bevor das Mittelmeer vor etwa 5 – 6 Mio. Jahren teilweise oder sogar vollständig austrocknete, hatte es zumindest im Westen zwischen Afrika und der heutigen Iberischen Halbinsel eine Verbindung zum Atlantik. Während sich Afrika langsam nach Norden Richtung Europa schob, begann sich der Untergrund ganz im Westen des heutigen Mittelmeers stark zu heben. Dabei entstand zwischen der Iberischen Halbinsel und Afrika ein gigantischer Damm, der Atlantik und Mittelmeer voneinander trennte. Da aus dem Mittelmeer mehr Wasser verdunstet als die Flüsse nachliefern, trocknete es wohl im Lauf von mehr als 10 000 Jahren aus, an seinem Grund lagerten sich mächtige Gips- und Salzschichten ab. Lange hielt der Damm dem gigantischen Wasserdruck des einige Tausend Meter höher stehenden Atlantik wohl nicht stand und der Atlantik füllte durch die Straße von Gibraltar das Mittelmeer wieder auf.

Die Geburt der Meere

Auch Südamerika und Afrika brachen schließlich auseinander, ein Wassergraben öffnete sich zwischen ihnen. Daraus entstand der heutige Südatlantik, der mit dem Nordatlantik zu einem gemeinsamen Ozean verschmolz. Dieses neue Meer weitete sich immer mehr aus und von dem einst weltumspannenden Panthalassa-Meer blieb nur noch der Pazifik übrig.

Auch Indien, Australien und die Antarktis lösten sich von Afrika. Indien wanderte Richtung Asien, Australien schob sich ebenfalls nach Norden, während die Antarktis nach Süden driftete. Zwischen diesen Bruchstücken erstreckt sich heute der Indische Ozean. Auch das Tethys-Meer hat seine Spuren hinterlassen. Ein Rest der Riesenbucht wurde zwischen Afrika, Südeuropa und dem Nahen Osten eingeschlossen und bildete das Mittelmeer.

Doch auch die heutige Verteilung von Meeren und Landmassen ist nur eine Momentaufnahme. Da sich Europa und Afrika immer mehr annähern, wird z. B. das Mittelmeer irgendwann ganz verschwunden sein.

Wenn große Wasserflächen austrocknen, bleibt eine Salzschicht zurück. Aus solchen Ablagerungen können Forscher z. B. die Geschichte des Mittelmeers rekonstruieren.

Megaflut isoliert Großbritannien

Die Eiszeit schafft den Ärmelkanal

Als britische Forscher im Kalkgestein des heutigen Meeresgrunds die Spuren einer gewaltigen Flut fanden, wussten sie auch, wie sich vor etwa 450 000 – 200 000 Jahren die Britischen Inseln von Frankreich trennten.

Eispanzer über Nordeuropa

Damals war es erheblich kälter als heute und der Schnee hatte sich über dem Norden Europas zu einem Eispanzer verformt, der an

Kreidefelsen als Symbol

Seit dem Dammbruch ist Großbritannien vom Kontinent getrennt: In den Eiszeiten schoss ein gewaltiger Wasserstrom aus den Schmelzwassern von Themse, Elbe und Rhein zwischen Frankreich und England nach Südwesten. Und wenn in wärmeren Perioden die Eismassen schmolzen, stiegen die Spiegel der Weltmeere und fluteten die neue Schlucht – so entstand der Ärmelkanal. Die Kreidefelsen von Dover sind also ein gutes Symbol für die Isolation der Inseln: Sie sind die Reste des Naturdamms aus Kalkgestein, der wohl genau an dieser Stelle brach und so erst den Kanalfluss und später den Ärmelkanal entstehen ließ, der Großbritannien vom Rest Europas trennt.

einigen Stellen 3000 m dick war. Auch über den Norden Englands und Irlands sowie über das heutige Wales und Schottland hatte sich ein Eispanzer gelegt. Wo heute die Wellen der mittleren Nordsee schwappen, versperrte ein gigantischer Eiswall zwischen Großbritannien und Skandinavien dem Schmelzwasser der Gletscher den Weg nach Norden.

Im Osten reichten die Eismassen bis in die Gegend der heutigen Millionenstädte Hamburg und Berlin, bedeckten Teile des heutigen Polen. Bereits auf dem Höhepunkt der Eiszeit aber taute die Sommersonne vor allem im Süden diesen Eispanzer kräftig ab. In der Norddeutschen Tiefebene sammelte sich dieses Schmelzwasser der Gletscher Skandinaviens, gigantische Wassermassen wälzten sich damals in einem riesigen Tal auf die heutige Nordsee zu nach Westen. Auch im Süden Englands folgte das Schmelzwasser dem Tal der heutigen Themse und erreichte das gleiche Gebiet. Als dritter Strom trug damals auch noch der Rhein einen Teil der Schmelzwasser vom riesigen Eisfeld über den Alpen in diese Region. Dort entstand ein riesiger See, dessen Ufer im Westen, Norden und Osten von den Eismassen zwischen Skandinavien und den heutigen Britischen Inseln gebildet wurden. Im Süden lag die eisfreie Norddeutsche Tief-

ebene. Und im Südwesten blockierte dem Süßwasser ein lang gestreckter Rücken aus Kalkgestein den Weg. Dieser flache Bergrücken zieht sich noch heute von Dover in Richtung London, auf der anderen Seite des Ärmelkanals verläuft der gleiche Kalkrücken südlich von Calais nach Südosten.

Von der Halbinsel zur Insel

Hinter diesem damals noch durchgehenden Kalkrücken aber bildeten die heutigen Britischen Inseln eine große Halbinsel im Nordwesten Europas. Auf diesem Kalkrücken aber lastete der gewaltige Wasserdruck des Schmelzwassersees, der damals die heutige Deutsche Bucht bedeckte. Als während einer wärmeren Phase immer mehr Schmelzwasser in diesen See floss, stieg der Wasserspiegel und damit auch der Druck auf den Kalkrücken, bis die Wassermassen mit einem Schlag durchbrachen. Jede Sekunde schoss damals mit vermutlich 1 Mio. m³ fünf Mal mehr Wasser durch den geborstenen Kalkrücken, als der Amazonas heute zum Atlantik trägt. Die Wassermassen gruben auf einer Breite von 10 km 50 m tiefe Schluchten in den Untergrund, teilten sich in verschiedene Ströme, um wenige Kilometer weiter wieder zusammenzufließen.

Die „White Cliffs", die Kreidefelsen im südenglischen
Dover, sind die Reste eines gigantischen Dammes.
Als er vor Urzeiten brach, entstand der Ärmelkanal.

Das Meer lässt Regen fallen

Der Kreislauf des Wassers

„Panta rhei", „alles fließt" behauptete bereits am Anfang des 5. Jh. v. Chr. der griechische Philosoph Heraklit. „Wer in denselben Fluss steigt, dem fließt anderes und wieder anderes Wasser zu", erklärte Heraklit weiter. Damit meinte er nichts anderes als den „Kreislauf des Wassers", den moderne Naturwissenschaftler beschreiben.

Verdampfende Ozeane

Wenn aber ständig Wasser vom Land ins Meer fließt, sollte entweder der Meeresspiegel steigen oder die Ozeane sollten einen Abfluss haben. Ein solcher Abfluss existiert tatsächlich:

Tagsüber wärmt die Sonne das über die Erde verteilte Wasser auf. Je wärmer Wasser aber ist, desto leichter verdunstet es. Unter der heißen Tropensonne verdunstet also erheblich mehr Wasser als aus den eisigen Gewässern um die Antarktis.

Aus den rund 360 Mio. km² Meeresoberfläche – was etwa dem Tausendfachen der Fläche Deutschlands entspricht – verdunstet im Lauf eines Jahres genug Wasser, um den Meeresspiegel um mehr als einen Meter sinken zu lassen. Das ist der unsichtbare Abfluss aus den Ozeanen, den bereits die Griechen vor 2500 Jahren kannten.

Rückfluss

Der so entstandene Wasserdampf ist leichter als Luft, steigt nach oben und kühlt dabei bald so weit ab, dass er wieder zu winzigen Wassertröpfchen oder Eiskristallen kondensiert, die als Wolken in der Luft schweben. Zudem wehen Winde die feuchte Luft zur Küste und treiben sie dort die Berghänge des Binnenlands hinauf. Auch dabei kühlt die Luft ab und das Wasser kondensiert wieder. Je größer die Wassertröpfchen oder Eiskristalle werden, umso schlechter schweben sie in der Luft. Daher fällt die aus dem Meer entstandene Luftfeuchtigkeit bald als Regen, Schnee oder Hagel zur Erde zurück.

Laut dem vom Deutschen Wetterdienst in Offenbach unterhaltenen Weltzentrum für Niederschlagsklimatologie fallen auf einen Quadratmeter Erdoberfläche im Jahr durchschnittlich ungefähr 950 l Niederschlag. Über dem Meer füllen Regen oder Schnee einfach den durch Verdunstung sinkenden Wasserspiegel wieder kräftig auf. An Land versickert der Niederschlag ins Grundwasser, das seinerseits die Quellen speist, aus denen Bäche und Flüsse entstehen. Und diese tragen genug Wasser in die Ozeane, um zusammen mit dem direkt aufs Meer fallenden Niederschlag den Meeresspiegel ungefähr konstant zu halten.

Wasser auf der Erde

In den Ozeanen und Meeren der Erde stecken mit 1,35 Mrd. km³ gut 97 % des an der Erdoberfläche und in seiner unmittelbaren Nähe vorhandenen Wassers. Die restlichen knapp 3 % verteilen sich damit auf die gut 41 Mio. km³ umfassenden Süßwasservorräte der Erde.

Fast drei Viertel des Süßwassers stecken mit rund 30 Mio. km³ im Eis der Antarktis, mehr als 6 % der Süßwasservorräte der Erde sind dagegen in den 2,6 Mio. km³ Eis auf Grönland fest gefroren. Deutlich größer sind die Grundwasservorräte der

Erde, die mit 8,4 Mio. km³ mehr als ein Fünftel des gesamten Süßwassers umfassen. Die Seen der Erde enthalten mit 230 000 km³ nur wenig mehr als 0,5 % des irdischen Süßwassers, in allen Flüssen des Globus zusammen fließen mit 1000 km³ nur Bruchteile eines Promille der Weltsüßwasservorräte.

Die restlichen 13 000 km³ Süßwasser schweben als Feuchtigkeit, Wolken und Niederschlag in der Atmosphäre, in der sich damit in jedem Moment immerhin 0,3 Promille der Süßwasservorräte der Erde befinden.

Der Kreislauf des Wassers beginnt mit der Verdunstung. Der Dampf kondensiert zu Wassertröpfchen oder Eiskristallen, die Wolken bilden, aus denen das Wasser später als Niederschlag wieder auf die Erde zurückfällt. Das Foto zeigt den Verdunstungsprozess am „Champagnerpool" im Thermalgebiet Wai-O-Tapu in Neuseeland.

Dämpfer für Hitze und Kälte

Wie maritimes Klima entsteht

Der größte Teil der Luftfeuchtigkeit und Wolken stammt aus den Weltmeeren, aus denen laufend Wasser verdunstet. Zusammen mit der Bahn der Erde um die Sonne und der vom Zentralgestirn ausgehenden Strahlung bestimmen die Ozeane daher das Weltklima. Gibt es auf einem Planeten also keine größeren Wasser- oder Eisflächen, fällt dort auch kein nennenswerter Niederschlag. Regen und Schnee aber liefern das flüssige Wasser, von dem alles Leben auf der Erde abhängig ist.

Riesige Temperaturunterschiede

Am wohlsten scheint irdisches Leben sich zu fühlen, wenn die Temperaturen nicht allzu sehr schwanken. Im tropischen Regenwald mit seiner das ganze Jahr über relativ gleichmäßigen Wärme ist daher die Artenvielfalt am höchsten, während in der sibirischen Tundra nur wenige Arten den Temperaturdifferenzen von mehr als 100 °C zwischen Sommer und Winter trotzen. Solche Temperaturgegensätze aber sind völlig normal, wenn keine größeren Wassermengen in der Nähe sind.

Wasser heizt sich tagsüber relativ langsam auf und gibt in der Nacht die Wärme auch nur langsam wieder ab. Sind die Tage im Frühjahr und im Sommer länger als die Nächte, heizen sich Meere und andere Gewässer daher lang-

sam auf. Sie erreichen auf der Nordhalbkugel dann im Juli und August, auf der Südhalbkugel dagegen im Januar und Februar ihre höchsten Temperaturen. Sind die Nächte im Herbst und Winter länger als die Tage, kühlen die Gewässer langsam aus und erreichen die niedrigsten Temperaturen im Januar und Februar auf der Nordhalbkugel und im Juli und August auf der Südhalbkugel.

Kältepole

Der mildernde Effekt des maritimen Klimas schwächt sich landeinwärts zunehmend ab. Die tiefsten Temperaturen werden daher auf der Erde dort erreicht, wo die wärmebringenden Winde von den Meeren nicht mehr hinkommen: Im Osten der Antarktis wurden an der russischen Forschungsstation Wostok 1983 –89,2 °C gemessen. Und im sibirischen Jakutien wurden 1964 in der Nähe von Dörfern immerhin –72 °C bestätigt. Auch in Deutschland maß der Deutsche Wetterdienst die bisher niedrigste registrierte Temperatur in der vom Meer entferntesten Region, in Oberbayern: –37,8 °C zeigte das Thermometer am 12. Februar 1929 in Wolnzach. Das meernahe Bremerhaven dagegen erreichte 1956 gerade einmal –18,6 °C.

Inselklima

Ihre Wärme geben die Meere in der Nacht an die Atmosphäre ab. Über den Ozeanen kühlt die Luft daher in der Nacht (und auch im Winter) viel weniger aus als über Land. Da meist Wind weht, wird diese angewärmte Luft landwärts getrieben, wenn die Windrichtung stimmt. Und da bei kleineren Inseln im Meer die Luft zwangsläufig immer vom Meer her weht, sind dort die Nächte relativ mild und halten sich auch die Temperaturgegensätze zwischen den Jahreszeiten in Grenzen.

Weht der Wind dagegen vom Land aufs Meer hinaus, fehlt dieser abmildernde Effekt. In New York zum Beispiel herrschen meist Westwinde vor, die im Winter die Kälte aus dem Landesinneren in die Stadt treiben. Der Norden Portugals liegt auf dem gleichen Breitengrad. Dort aber treiben die vorherrschenden Winde die Wärme des Meeres aufs Land und bescheren den Küstenregionen relativ milde Winter. Dieses maritime Klima lässt dann auch an der französischen Atlantikküste Pflanzen wachsen, die auf ähnlichen Breitengraden in den eisigen Wintern des kontinentalen Klimas der Mongolei keine Chance hätten.

*Im maritimen Klima gedeihen
Agaven und Kakteen.*

Fracht aus der Urzeit
Wie das Salz ins Meer kam

Wer jemals beim Schwimmen einen Mund voll Meerwasser verschluckt hat, kennt eine der typischen Eigenschaften der Ozeane: Sie sind salzig. Seit den Urtagen der Erdgeschichte prasseln Regentropfen auf Gesteine und waschen die darin enthaltenen Salze heraus. Über kleine Bäche gelangt die salzige Fracht in größere Flüsse und schließlich ins Meer.

Fallen für Salz

Heute ist die Salzkonzentration in den Flüssen zwar sehr gering. Im Lauf der Erdgeschichte aber sind auf diese Weise riesige Mengen Salz in den Ozeanen gelandet. Dort hat sich der Salzgehalt im Lauf der Jahrmillionen immer weiter konzentriert. Schließlich verdunstet von den großen Wasserflächen ständig Flüssigkeit, das gelöste Salz bleibt zurück. Heute enthält das Wasser der Weltmeere im Durchschnitt 3,5 % Salz. Wenn man das gesamte Salz aus den Meeren der Welt herausholen und an Land verteilen könnte, würden sämtliche Kontinente unter einer bis zu 1,5 m hohen weißen Schicht verschwinden. Allerdings sind die Salzgehalte nicht in allen Meeren der Erde gleich hoch. Stark salzhaltiges Wasser findet sich vor allem dort, wo ein heißes und trockenes Klima zu einer starken Verdunstung führt. Das Mittelmeer ist deshalb mit 3,8 % salziger als der Atlantik mit gut 3,5 %. Das Rote Meer hat es sogar auf einen Salzgehalt von etwa 4 % gebracht. Noch extremer sind die Verhältnisse im Toten Meer. Dort hat die Verdunstung den Salzgehalt im Durchschnitt auf 27 % hoch getrieben. Und da das Binnengewässer keine Verbindung zu weniger salzigen Meeresregionen hat, wird diese Lake auch nicht durch Austauschprozesse verdünnt. Genau deswegen ist das Tote Meer heute eine wichtige Touristenattraktion. Kurgäste suchen in den salzigen Fluten Linderung für Neurodermitis und Schuppenflechte und Badefans genießen das Gefühl, ohne jede Schwimmbewegung in diesem ganz besonders tragfähigen Wasser schweben zu können.

Wertvolle Unterschiede

In der Ostsee dagegen findet sich genau das andere Extrem. Aus diesem eher kühlen Meer verdunstet wenig Flüssigkeit, gleichzeitig tragen Flüsse und Regen jede Menge Süßwasser hinein und verdünnen so die Lösung. Und weil das weitgehend abgeschlossene Meer nur wenige Verbindungen zur salzreicheren Nordsee hat, bleibt sein Salzgehalt relativ gering: Ein durchschnittlicher Liter Ostseewasser enthält nur 0,8 % Salz. Der unterschiedliche Salzgehalt von Meerwasser ist eine Herausforderung für Tiere und Pflanzen, die sich an die jeweiligen Bedingungen anpassen müssen. Er hat aber noch viel weitreichendere Konsequenzen für das Leben auf der Erde. Denn salzreiches Wasser hat eine höhere Dichte als salzarmes. Es ist also schwerer und sinkt deshalb Richtung Meeresboden. Dieser Prozess ist wichtig, um die globalen Meeresströmungen in Gang zu halten, die riesige Wassermassen rund um die ganze Welt transportieren. Ohne diese Strömungen würde das Klima auf der Erde ganz anders aussehen als heute.

> ### Strom aus Salz
>
> *Schon seit den 1970er-Jahren gibt es Pläne, die Unterschiede zwischen Süßwasser und Meerwasser für die Energiegewinnung zu nutzen. Das Prinzip solcher „Osmose-Kraftwerke" klingt einleuchtend: Man trennt Süß- und Salzwasser durch eine Membran, die nur Wasser, aber kein Salz durchlässt. Um die Konzentrationen auszugleichen, strömt Wasser dann von der weniger salzigen zur salzigeren Seite. Durch diesen Zufluss baut sich auf der salzigeren Seite Druck auf. Den kann man dann auch nutzen, um eine Turbine anzutreiben und Strom zu gewinnen. Noch gibt es solche Kraftwerke allerdings nicht.*

*Arbeiter in einer Saline auf der Île de Ré an der
französischen Westküste. Der größte Teil des in den
Meeren gebundenen Salzes ist Kochsalz.*

Wie die Passatwinde entstehen

Die Tropensonne treibt den Meeresstrom an

Weil die Sonne in den Tropen viel höher als in Europa am Himmel steht, strahlt sie dort während des europäischen Winters gut vier Mal mehr Energie ab als auf eine vergleichbare Fläche hier. Aus diesem Grund sind die Weihnachtsfeiertage in den Tropen immer deutlich wärmer als in Mitteleuropa. Diese Temperaturunterschiede aber verursachen auch Luftströmungen, die ihrerseits das Wasser in den Meeren vor sich her treiben.

Hoch- und Tiefdruck

Da warme Luft leichter als kalte ist, steigt die Luft in der Nähe des Äquators rasch in die Höhe. Am Boden sinkt daher der Luftdruck und es bildet sich eine langgezogene, wenige Hundert Kilometer breite Tiefdruckrinne rund um die Erde. Je höher die feuchte Luft in dieser Zone aber steigt, desto kälter wird die Luft der Umgebung und kühlt so auch die aufsteigenden Luftmassen. In 15 km Höhe hat die von der Tropensonne am Boden aufgeheizte Luft alle aufgenommene Energie wieder an die Luft der Umgebung abgegeben. Jetzt teilt sich der senkrechte Luftstrom und fließt in der Höhe einige 1000 km nach Süden bzw. Norden. Dabei kühlt sich die Luft in der Kälte dieser Atmosphärenschichten weiter ab, wird schwerer und beginnt ungefähr auf der Höhe des 30. Breitengrads wieder nach unten zu sinken.

Abgelenkter Wind

Am Boden fließen die absinkenden Luftmassen dann zum Äquator zurück und schlie-ben so einen riesigen Kreislauf, der mehr als ein Drittel der Erde umfasst. Im Prinzip fließt die Luft dabei erst einmal direkt nach Süden oder Norden. Gleichzeitig aber dreht sich die Erde am Äquator in jeder Stunde knapp 1700 km nach Osten. Die über dem Boden wehende Luft wird von dieser Bewegung zwar kräftig mitgenommen, bleibt aber trotzdem merklich hinter dieser rasanten Drehung nach Osten zurück. Vom Boden aus gesehen werden diese Winde daher kräftig nach Westen abgelenkt. Auf der Südhalbkugel weht in diesen Bereichen deshalb fast immer ein kräftiger Wind von Südost nach Nordwest auf den Äquator zu. Auf der Nordhalbkugel weht dieser Wind von Nordost nach Südwest.

„Passatwinde" haben die Seeleute früherer Jahrhunderte diese zuverlässig fast immer in die gleiche Richtung zielenden Luftströmungen genannt. Pfeift dieser Nordostpassat von der Sahara auf den tropischen Atlantik hinaus, treibt er natürlich auch das Meereswasser vor sich her. So entsteht im Norden des Äquators eine Meeresströmung, die nach Südwesten fließt, während südlich des Äquators ein ähnlicher Wasserstrom nach Nordwesten fließt. Das Gleiche passiert auch im Pazifik. In Äquatornähe fließt daher das Wasser in beiden Ozeanen von Ost nach West.

Hochdruck und Wüsten

Je tiefer die Luft am 30. Breitengrad sinkt, umso wärmer wird die Umgebungsluft und heizt die absinkenden Massen wieder auf. Je wärmer die sinkende Luft aber wird, umso mehr Wasser kann sie aufnehmen.

Da gleichzeitig aber kein neues Wasser dazukommt, sinkt die Luftfeuchtigkeit immer weiter. In diesen Regionen können sich daher kaum Wolken bilden, Regen fällt nur ausnahmsweise. Auf der Nordhalbkugel ziehen sich im Bereich dieser absinkenden Luftmassen daher die Sahara-Wüste und die Arabische Wüste vom Atlantik weit nach Asien hinein, auf der Südhalbkugel liegen in der gleichen Zone die riesigen Wüsten Australiens. Weil die nach unten sinkende Luft den Luftdruck am Boden steigen lässt, bilden sich in diesen Regionen ausgedehnte Hochdruckzonen.

*Die in den Tropen intensiv strahlende Sonne – wie
hier auf der Insel Moorea in Französisch-Polynesien –
treibt die Luft- und Meeresströmungen an.*

Schräges Meer
Wie Strömungen Wasserspiegel und Klima verändern

Wenn die aus Südost und Nordost wehenden Passatwinde in der Nähe des Äquators aufeinandertreffen, wenden sie sich nach Westen. Dabei schieben sie Unmengen Wasser in Richtung Südamerika und Karibik vor sich her. Daher liegt der Meeresspiegel im Westen einige Zentimeter höher als im Osten des tropischen Atlantiks.

Milde Kanaren

Im Atlantik strömen zwei weitere „Meeresflüsse" auf den Äquator zu: Aus Südosten trägt der Benguelastrom Wasser nach Norden, aus Nordosten transportiert der Kanarenstrom Wasser nach Süden. Beide Strömungen werden von den Passatwinden angetrieben, die Wasser von der Küste weg auf den Äquator zu treiben. An der Küste des tropischen Afrikas quillt daher kaltes Wasser aus der Tiefe auf und gleicht den ständigen Wasserverlust dort aus. Dieses Tiefenwasser macht den Kanarenstrom relativ kühl und bringt den Kanarischen Inseln eine Art Dauerfrühling.

Im Pazifik liefert eine ähnliche Wind- und Wasserschaukel ein Wetterphänomen, das manchmal die Witterung in großen Teilen der Erde durcheinanderbringt. Ähnlich wie vor der Westküste Afrikas treiben die Passatwinde auch vor der Westküste Südamerikas das

Wasser des Pazifiks nach Westen. Auch dort steigt an der Küste kaltes Wasser aus der Tiefe nach oben und macht diesen Meeresstrom mit nur 24 °C recht kühl. Genau wie die Kanarischen Inseln haben daher auch die Galapagosinseln 1000 km vor der Küste Südamerikas ein relativ gemäßigtes Klima, obwohl sie direkt am Äquator liegen. Und ähnlich wie im Atlantik liegt der Meeresspiegel im Westen des Pazifiks 40 cm höher als im Osten.

> ### Luftströme über dem Pazifik
> Sinkt über der chilenischen Wüste Luft ab, entsteht dort ein Hochdruckgebiet. Die über Indonesien aufsteigenden Luftmassen wiederum sorgen dort für tiefen Luftdruck. Um diese Gegensätze zwischen dem Osten und Westen des tropischen Pazifiks auszugleichen, beginnt die Luft vom Hoch zum Tief, von Südamerika nach Indonesien zu strömen. So verstärkt sie die Strömungen in der Luft und gleichzeitig auch im Wasser weiter. Insgesamt entsteht ein gigantischer Kreislauf, bei dem direkt über dem Meer die Luft von Ost nach West über den Pazifik strömt, um später in der Höhe wieder nach Südamerika zurückzukehren. Walker-Zirkulation nennen Meteorologen diesen Kreislauf.

Wüste und Tropenregen

Die stetig nach Westen wehenden Winde nehmen auf ihrem langen Weg über den Pazifik jede Menge Wasser auf. In der Nähe Indonesiens kollidieren diese feuchten Luftmassen dann mit Winden, die nach Osten in Richtung Südamerika wehen. Beide Luftmassen können nur in eine Richtung ausweichen: nach oben. Dabei kühlt die feuchte Luft ab und die heftigen tropischen Regenfälle setzen ein, die für Indonesien typisch sind.

Hat die aufsteigende Luft sich ausgeregnet, beginnt sie in einer Höhe von 9 – 12 km zurück nach Osten zu strömen. Auf ihrem langen Weg über den Pazifik kühlt die Luft weiter ab, wird schwerer und sinkt schließlich über der Küste Südamerikas wieder zu Boden. Genau das Gleiche wie über der Sahara passiert jetzt auch über der peruanischen und der nördlichen Hälfte der chilenischen Pazifikküste: Je tiefer die Luftmassen sinken, umso mehr verringert sich auch die Luftfeuchtigkeit. Von der Grenze zwischen Ecuador und Peru bis beinahe zur Mitte Chiles zieht sich daher ein äußerst trockener Wüstengürtel.

Wenn die pazifischen Luftströmungen Südamerikas Küsten erreichen, sind sie ausgetrocknet. So bildeten sich Wüsten wie die Atacama-Wüste in Chile.

Wie das Christkind auf die Welt kommt

Das Wetterphänomen El Niño entsteht im Meer

Im Oktober wird das normalerweise über Peru und dem Norden Chiles liegende Hoch schwächer und auch das häufige Tief über Indonesien verliert an Kraft. Gleichzeitig flauen die in dieser Weltgegend normalen Westwinde ab und treiben weniger Wasser nach Indonesien.

Warmes Wasser aus dem Westen

Vor Indonesien aber steht das rund 28 °C warme Wasser 40 cm höher als vor Südamerika. Schwächelt die Strömung von Ost nach West, beginnt das warme Wasser daher nach Osten zurückzuströmen. Um die Weihnachtszeit erreicht das warme Wasser die Küste Südamerikas und unterbricht den Kaltwasserstrom, der dort aus der Tiefe an die Meeresoberfläche quillt. Das Tiefenwasser aber spült jede Menge Nährstoffe nach oben, die ein reichhaltiges Meeresleben nähren. Ohne Kaltwasserzufuhr aber müssen diese Organismen hungern – und die Fischerei an der südamerikanischen Küste und auf den Galapagosinseln kommt vorübergehend zum Erliegen. Das wärmere Wasser vor der Küste Südamerikas heizt auch die darüberliegende Luft. Diese beginnt daher aufzusteigen und statt eines Hochdruckgebiets mit absinkender Luft entsteht ein Tief über der südamerikanischen Pazifikküste. Plötzlich herrschen vor der Küste

Südamerikas daher ähnliche Verhältnisse wie sonst vor Indonesien. Die aufsteigende Luft kühlt ab und regnet sich mitten in der trockensten Wüste der Welt aus. Diese Umkehr der Druck- und Wetterverhältnisse passiert aber nicht jedes Jahr, sondern nur alle drei bis acht Jahre einmal. Ausgerechnet um die Weihnachtszeit beginnt es an den Küsten Perus und im Norden Chiles zu regnen, daher heißt dieses Wetterphänomen bei den Einheimischen nach dem spanischen Begriff für „Christkind" auch „El Niño".

Dürre in Indonesien

Auf der anderen Seite des Pazifiks dagegen fehlt bei einem El Niño das warme Wasser und wird durch kühleres aus der Tiefe ersetzt. Daher kann weniger Luft aufsteigen. Obendrein kehrt sich oft auch die Höhenströmung um und fließt von Südamerika nach Westen. Über Indonesien beginnt diese Luft dann abzusinken und beschert dem Land ein beständiges Hoch. Dadurch aber bleiben die Regenfälle aus, der Wald vertrocknet und plötzlich fegen Buschfeuer durch das Land.

Das war sowohl 1982/83 als auch 1997 der Fall, beide Male gab es einen besonders starken El Niño. Wie stark sich dieses Wetterphänomen auswirkt, beweist die Wüsten-

stadt Piura im Norden Perus. Normalerweise fallen dort im Jahr 45 l Regen auf den Quadratmeter, das sind gerade einmal 5 % der Niederschläge wie sie beispielsweise für München typisch sind. Im El Niño-Jahr 1983 aber prasselte dort mit 2400 l die vierfache Jahresniederschlagsmenge von Berlin auf den ausgedörrten Wüstenboden.

Weltweite Auswirkungen

Da der Pazifik der größte Ozean der Welt ist, beeinflusst das Wetterphänomen El Niño rund ein Viertel der Erde direkt. 1982/83 zum Beispiel dehnte sich das ungewöhnliche Hoch über Indonesien bis nach Australien aus und brachte dem fünften Kontinent eine verheerende Dürre. Das Hoch über Indonesien und das Tief über Südamerika bringt in solchen Jahren auch die angrenzenden Wettersysteme durcheinander. An den Küsten und in den Bergen Kaliforniens und Ecuadors fallen dann extrem starke Niederschläge, während der Osten Afrikas bis hinüber zur Sahelzone unter einer extremen Dürreperiode leidet. Nach höchstens 15 Monaten aber ist der Spuk vorbei, über Südamerika hat sich das normale Hoch wieder aufgebaut und über Indonesien sorgt ein Tief für reichlich Regenfälle.

Auch für diese Seelöwen auf einer der Galapagos-
inseln bedeutet El Niño nichts Gutes: Vor der süd-
amerikanischen Küste unterbricht er die Kaltwasser-
zufuhr aus der Tiefe – und damit auch die
Nahrungszufuhr für eine Vielzahl von Tierarten
bis hin zu Robben, Pinguinen, sehr vielen Seevögeln
und eben Seelöwen.

Wasser isoliert
Der antarktische Ringstrom schafft Wüsten

Das Wasser steht in praktisch keinem Meer der Welt still, fast immer ist es der Wind, der diese Strömungen antreibt. Wohl am eindrucksvollsten demonstriert die Antarktis dieses Zusammenspiel von Wind und Wellen.

Eisiger Wind

Die gigantischen Eismassen lassen im Zentrum des sechsten Kontinents die Temperaturen bis unter −80 °C absacken. Diese eiskalte Luft fließt von den Eismassen, die im Durchschnitt mehr als 2000 m über den Meeresspiegel aufragen, in stürmischen Winden hinunter zum Ozean und kühlt dort das Wasser kräftig ab. Im Winter friert die Kälte um die Antarktis einen breiten Wassergürtel zu Packeis, das im September mit rund 20 Mio. km^2 größer als Russland ist. Da Packeis praktisch kein Salz enthält, konzentriert sich das im Meer gelöste Salz im extrem kalten Wasser unter dem Eis. Dadurch wird dieses Wasser sehr schwer, sinkt zum Grund und fließt den Abhang des Festlandsockels der Antarktis hinunter nach Norden. Dieses eiskalte antarktische Bodenwasser schießt als mächtiger Strom am Grund der Ozeane bis über den Äquator hinaus.
Bis zum Februar schmilzt der Packeisgürtel im Antarktissommer auf ein Fünftel seiner Größe zusammen. Das Schmelzwasser bildet dann

eine sehr kalte, 150–250 m dicke salzarme Schicht an der Oberfläche des Südpolarmeers. Die heftigen Winde aus dem Inneren der Antarktis treiben diese relativ leichte Wasserschicht an der Oberfläche der Meere erst einmal nach Norden. Bald aber lenken die kräftigen Westwinde dieser Breiten den Strom nach Osten ab. So entsteht schließlich ein eiskalter Strom, der wie ein gigantischer Ring im Uhrzeigersinn um die Antarktis herumfließt. Dieser Ringstrom isoliert die Antarktis vom wärmeren Wasser aus den Tropen und lässt den sechsten Kontinent die größte Kühlkammer der Erde bleiben.

Kaltes Wasser für die Wüste

Die nördlichen Bereiche des Ringstroms aber werden abgelenkt, wenn sie auf die Küsten Südamerikas treffen. Deshalb fließt ein Strom eiskalten Wassers an der Pazifikküste von Chile und Peru nach Norden und kühlt die tropischen Küsten dieser Länder um sieben bis acht Grad auf Temperaturen, die kaum einmal 30 °C erreichen. Dieser Humboldt-Strom fließt beinahe bis zum Äquator, bevor er auf den offenen Pazifik hinausströmt und dort auch noch den Galapagosinseln ein relativ kühles Klima mitten in den Tropen beschert. Genau wie vor Südamerika fließt auch an der

Atlantikküste Afrikas das kalte Wasser aus der Antarktis als Benguelastrom nach Norden und biegt ebenfalls erst in der Nähe des Äquators nach Westen ab. Ebenso wie in Südamerika kühlt auch in Afrika das kalte Wasser die Küste kräftig ab. Und genau wie in Südamerika kondensiert auch vor der afrikanischen Küste die warme Luft vom offenen Meer über dem kalten Meeresstrom zu Nebel. Schlägt sich die Feuchtigkeit schon als Nebel auf dem Wasser oder auf den ersten Kilometern landeinwärts nieder, bleibt für den dahinterliegenden Küstenstreifen kaum noch Feuchtigkeit. In beiden Fällen bildet sich an der Küste daher eine Wüste, in Südamerika die Atacama und in Afrika die Namib. Beide Gebiete zählen zu den trockensten Regionen des Globus.

Eisige Wüste

Aus dem eisigen Wasser rund um die Antarktis verdunstet sehr wenig Wasser. Daher ist die Luftfeuchtigkeit in der Region relativ niedrig. In der Antarktis selbst fallen daher extrem wenig Niederschläge. Der Kontinent um den Südpol gilt daher als größte Wüste der Welt, in seinem Inneren fallen im Jahr gerade einmal 40 l Niederschlag auf jeden Quadratmeter.

Das Eis rund um die Antarktis sorgt für gleich zwei bedeutende Strömungseffekte: einen eiskalten Wasserstrom am Meeresboden und den um die Antarktis kreisenden Ringstrom.

Europas Warmwasserheizung
Wie der Golfstrom entsteht

Meeresströmungen tragen nicht nur kaltes Wasser in tropische Regionen, sondern auch warmes in kühlere Weltgegenden. Dort wirken diese Strömungen dann wie eine Warmwasserheizung. Der Golfstrom im Nordatlantik ist die bekannteste dieser globalen Heizungen.

Drei Platten – ein Strom
Entstanden ist der Golfstrom durch die Plattentektonik. Noch heute befinden sich Nord- und Südamerika auf zwei verschiedenen Platten. Dazwischen schiebt sich auch noch die Karibische Platte, auf der sich Teile Mittelamerikas und der Karibik befinden. Ursprünglich gab es zwischen Nord- und Südamerika eine Meeresstraße, durch die der Passatwind die warmen Meeresströmungen des tropischen Atlantiks ungehindert nach Westen zum Pazifik schob. Vor ungefähr 4,2 – 2,4 Mio. Jahren aber entstand zwischen Nord- und Südamerika die Landbrücke, die auch heute noch dort existiert. Plötzlich konnte das warme Wasser der Karibik nicht mehr nach Westen fließen. Noch heute wird es daher zunächst von der Landbrücke nach Nordwesten und später von der Halbinsel Yucatan nach Norden gelenkt. Wie durch eine Düse schießt das warme Karibikwasser dann zwischen Kuba und Florida in den Nordatlantik. Mit etwa 1,5 Mrd. m³ Wasser pro Sekunde schiebt dieser gigantische Meeresstrom hundert Mal mehr Wasser als alle Süßwasserflüsse der Erde zusammen an der Küste Nordamerikas entlang und transportiert mit etwa fünf Petawatt Wärmeleistung ungefähr die Energiemenge, die eine Milliarde Kernkraftwerke erzeugen.

Verzweigte Fernheizung
In der Nähe von Kap Hatteras löst sich der Golfstrom von der Küste Nordamerikas und fließt über den offenen Atlantik in Richtung Iberische Halbinsel. Verschiedene Teilströme zweigen nach Süden ab, trotzdem trägt der Golfstrom noch genug Wärme nach Norden, um Europa kräftig zu heizen. Das warme Wasser verschiebt die Klimazonen der Alten Welt um rund 1500 km nach Norden. Ohne diese Heizung hätte Frankfurt ungefähr die gleichen Temperaturen wie der Süden Alaskas, Mit der Fernwärme dagegen wachsen im Süden Schottlands noch Palmen.

Vermessung des Golfstroms
Jochen Marotzke vom Max-Planck-Institut für Meteorologie in Hamburg und sein schottischer Kollege Stuart Cunningham vom britischen Nationalen Meeresforschungsinstitut in Southampton vermessen seit 2004 erstmals genau den Golfstrom. Dazu haben sie auf dem 26. Breitengrad zwischen Florida und den Kanarischen Inseln kilometerlange Seile aus einer Aramid genannten Substanz verankert, die unter dem Handelsnamen Kevlar auch für schussfeste Westen Verwendung findet. Am unteren Ende des Seiles hängen rund 1500 kg schwere, ausrangierte Eisenbahnräder, die das Seilende zuverlässig am Grund des Atlantiks verankern. Am oberen Ende schwimmt eine Boje. Und dazwischen messen 24 Instrumente in verschiedenen Tiefen jeweils die Temperatur und den Salzgehalt des Wassers. Aus diesen Daten können die Forscher die Dichte des Wassers berechnen, aus der wiederum ähnlich wie in der Meteorologie die Strömung ermittelt wird. Mit fünf solchen Seilen vor der Küste Floridas und der Bahamas und zwei weiteren Seilen vor der afrikanischen Küste lässt sich die gesamte Strömung quer über dem Atlantik ausrechnen. Schon das erste Messjahr 2004/2005 aber brachte eine Überraschung: Die Strömung schwankt erheblich: An manchen Tagen fließen in der Sekunde „nur" 4 Mrd. l Wasser durch den 26. Breitengrad, an anderen Tagen sind es fast 35 Mrd. l.

Die am Äquator von den Passatwinden im Atlantik
nach Westen getriebenen Wassermassen finden im
Golf von Mexiko nur einen Ausweg: Nach einer
Kehrtwende schießen sie als Golfstrom zwischen
Florida und Kuba in den Nordatlantik.

Amerika friert ein

Der warme Golfstrom löst Eiszeiten aus

Ausgerechnet den warmen Golfstrom haben Klimaforscher als einen der Auslöser der Eiszeiten dingfest gemacht. Schon lange rätselten Wissenschaftler, wieso die Gletscher auf der Nordhalbkugel der Erde erst seit ungefähr der Zeit immer wieder bis nach Norddeutschland und in den Norden Polens vorrückten, als sich vor 4,2 – 2,4 Mio. Jahren auch die Landenge von Panama schloss und so der tropische Atlantik vom Pazifik getrennt wurde.

Schneefall durch Heizung

Seither lenkt diese Landbrücke das warme Tropenwasser des Atlantiks in den Norden um. Dort aber verdunstet aus dem warmen Wasser des Golfstroms erheblich mehr Wasser als aus anderen Meeren in ähnlich hohen Breiten. Dadurch steigen Luftfeuchtigkeit und Niederschläge über den Landmassen im Osten und Westen des Nordatlantiks.

Niederschlag aber fiel über Grönland, Nordamerika und Nordeuropa zumindest in der kalten Jahreszeit auch schon vor wenigen Millionen Jahren als Schnee. In bestimmten Situationen aber können diese dickeren Schneedecken eine Eiszeit auslösen, haben Frank Sirocko von der Universität in Mainz und etliche Kollegen im Deutschen Klimaforschungsprogramm DEKLIM untersucht.

Kosmischer Auslöser

Solche Situationen entstehen in bestimmten Abständen, weil die Erde nicht auf einer perfekten Bahn um die Sonne kreist, sondern eher um das Zentralgestirn „eiert". Auf seiner Bahn gerät der Globus so etwa alle 100 000 Jahre für einige Jahrtausende in eine Position, in der die Sonnenwärme in den hohen Breiten Nordamerikas und Nordeuropas knapp wird. Im Norden des Bottnischen Meerbusens zwischen Schweden und Finnland fallen dann am 65. Breitengrad im Sommer nur noch 420 Watt Sonnenenergie auf einen Quadratmeter Boden. Die Temperaturen in diesen Regionen sinken. Hoch im Norden Kanadas, auf ähnlichen Breitengraden, schmilzt im Sommer der Schnee des Winters nicht mehr vollständig weg. Während dunkler Boden die Sonnenwärme einfängt, reflektiert Schnee sie einfach in den Himmel zurück. Wächst die Schneedecke, bleibt also weniger Sonnenwärme auf der Erde und es wird noch ein wenig kühler. Im nächsten Sommer bleibt daher auch weiter im Süden noch Schnee liegen, die größere weiße Decke reflektiert noch mehr Sonnenlicht und es wird noch kühler. Mit der Zeit wächst die Schneedecke so über weite Teile Nordamerikas. Dieser Mechanismus funktioniert aber nur, wenn der Golfstrom mit der Wärme auch Feuchtigkeit in den hohen Norden trägt.

Je höher die Schneedecke aber liegen bleibt, umso stärker lastet auf den untersten Schichten der Druck. Mit der Zeit verdichten sich so die fragilen Schneeflocken zu einer zunehmend dichteren Masse. Aus Schnee wird so Firn und aus Firn wird mit der Zeit Eis. Vor ungefähr 118 000 Jahren war es in Nordamerika zum letzten Mal soweit. Damals war die Sonneneinstrahlung natürlich auch in Europa knapp. Da die Landmassen des alten Kontinents aber nicht so weit nach Norden reichen wie die Nordamerikas, begann die Eiszeit hierzulande eben einige Jahrtausende später.

> ### Kommen die Gletscher wieder?
>
> *Vor Beginn der Industrialisierung schwebten pro 1 Mio. Teilchen 280 Kohlendioxid-Moleküle in der Luft. Bei diesem Wert von 280 ppm würde erst in rund 50 000 Jahren die Sonne im hohen Norden wieder so schwach scheinen, dass die Gletscher in Nordamerika wachsen könnten. Obendrein hat die Menschheit durch das Verfeuern von Kohle, Gas und Öl die Kohlendioxidwerte längst weit über solche Werte hinaus bis 381 ppm im Jahr 2006 getrieben. Die Eiszeit hat also zurzeit keine Chance.*

Ein junges Karibu schläft im Schein der arktischen
Sonne auf dem Schnee. Hier im Norden Kanadas
begannen die Eiszeiten, als sich aufgrund eines
geringen Temperaturabfalls die winterliche Schneedecke im Sommer nicht mehr völlig auflöste und die
sommerliche Sonnenwärme größtenteils vom
Schnee reflektiert wurde.

Ein Eisschrank holt warmes Wasser

Grönland treibt den Golfstrom an

Um dem Westen und Norden Europas die gewohnten angenehmen Temperaturen zu bescheren, braucht es paradoxerweise die Kälte des Eispanzers, der Grönland bedeckt. Denn die Kälte des Nordens zieht indirekt das warme Wasser des tropischen Atlantiks an und gibt so dem Golfstrom zusätzlichen Schub.

Gletscherkühlung

Die kalten Winde von den Gletschern Grönlands kühlen das Wasser des Eismeers kräftig ab. Kaltes Wasser aber ist schwerer als warmes und sinkt in die Tiefe. Nun ähnelt das Eismeer zwischen Skandinavien und Grönland im Prinzip einer gigantischen Schüssel, in der sich kaltes Wasser erst sammelt und dann an der tiefsten Stelle des Randes überschwappt. Zwischen dem Süden Grönlands, Island, den Färöer und dem Nordwesten Schottlands schießen jede Sekunde 6 Mrd. l Wasser über den Schüsselrand nach Süden.

Weiteres kaltes Tiefenwasser bildet sich im Süden Islands und in der Labradorsee zwischen Grönland und Kanada. Insgesamt trägt dieser Strom in der Tiefe des Nordatlantiks mit 20 Mrd. l zwanzig mal mehr Wasser als alle Flüsse der Erde zusammen. Erst an der Küste der Antarktis quillt dieses Tiefenwasser wieder in die Höhe. In den oberen Schichten des Atlantiks fließt es dann wieder nach Norden und wird von der Tropensonne kräftig aufgeheizt. Als Warmwasserstrom schießen lauwarme Fluten aus dem Golf von Mexiko heraus und teilen sich im Nordatlantik auf: Etliche Wasserströme fließen in Kreisströmen in einem Bogen nach Süden und Westen in die Karibik zurück. Dort werden sie erneut aufgeheizt – und absolvieren den gleichen Kreislauf im Uhrzeigersinn noch einmal.

Wie die Heizung ausfallen könnte

Ein Teil der lauwarmen Wassermassen dieses Golfstroms aber verlässt den Kreisverkehr und schiebt relativ warmes Wasser an Europas Küsten vorbei bis hoch in den Norden Skandinaviens. „Nordatlantikstrom" nennen die Forscher diesen Ast des Strömungssystems, der gleichzeitig als Warmwasserheizung Europas dient. Diese Heizung aber kann ausfallen: Denn je weniger Salz in der Nähe Grönlands im Wasser gelöst ist, umso leichter bleibt das abgekühlte Wasser und sinkt langsamer oder gar nicht mehr in die Tiefe.

Lässt der Klimawandel die Temperaturen steigen, verdampft mehr Wasser aus den Ozeanen. So wandern mehr Wolken und Niederschlag ins Eismeer. Regen- und Schneefälle aber verringern den Salzgehalt dort. Dadurch sinkt weniger Wasser in die Tiefsee und weniger Wasser schwappt über den Tellerrand und schießt als Tiefwasserstrom Richtung Antarktis. Das in der Tiefe abfließende Wasser aber fehlt an der Oberfläche. Wie ein gigantischer Sog zieht daher die Tiefenwasserbildung warmes Wasser aus dem Süden zum Polarmeer. Schalten steigende Niederschläge den Tiefwasserstrom ganz aus, fehlt also sozusagen eine Hauptpumpe, die warmes Wasser nach Europa zieht – und die Alte Welt könnte ganz schön ins Frieren kommen.

> ### Katastrophenfilm mit Hintergrund
> *Flutwellen schießen durch die Straßen von New York, ungeahnt heftige Tornados und Hagelstürme verwüsten ganze Landstriche, ein massiver Kälteeinbruch vereist Europa und Teile Nordamerikas. In seinem Film „The day after tomorrow" beschrieb Roland Emmerich im Jahr 2004 zwar sehr überspitzt, in den Grundzügen aber richtig eine Überlegung von Klimaforschern: Die Klimaerwärmung könnte die Strömungen im Atlantik unterbrechen, die vor allem Europa mit Wärme versorgen.*

Die Gletscher Grönlands – hier der Westfjord-Gletscher – treiben den Golfstrom an.

Dammbruch stoppt Warmwasserheizung

Schmelzwasser aus Kanada unterbrach den Nordatlantikstrom

Die gewaltige Barriere aus Eis knistert bedrohlich, plötzlich birst der gewaltige Damm aus massivem Gletschereis an einer Stelle völlig. Aus dem Agassizsee hinter dem Damm schießt in einem gewaltigen Strom Wasser durch den frischen Bruch und reißt rasch immer größere Lücken in das Eis.

Rauchende Pistole

Vermutlich hat niemand dieses gewaltige Schauspiel im Norden des heutigen Kanada gesehen, weil in der Eiswüste dort vor 8380 Jahren kaum Menschen lebten. Die Auswirkungen des Dammbruchs aber schwappten bis zu den Steinzeitmenschen Europas, weil das Wasser aus dem Agassizsee der Alten Welt praktisch schlagartig die Warmwasserheizung abdrehte und die Temperaturen im Westen Europas um rund 5 °C sinken ließen.

Bisher war dies eine wissenschaftliche Theorie. Gut fundiert zwar, aber nicht bewiesen. Im Dezember 2007 aber fanden Helga Flesche Kleiven von der Universität im norwegischen Bergen und ihre Kollegen sozusagen die rauchende Pistole, mit der Kriminalkommissare im Fernsehen gern Täter überführen: Im Nordwestatlantik stoppten genau in dieser Zeit plötzlich die Tiefenwasserströme, die Europas Warmwasserheizung andrehen.

Sedimente und Strömungen

Die Forscher untersuchten die Ablagerungen des Meeresbodens in rund 3440 m Wassertiefe wenige Hundert Kilometer südlich der Südspitze Grönlands: In Bodentiefen zwischen 315 und 345 cm fanden sie erheblich weniger magnetische Gesteinssplitter als darunter oder darüber. Die weitaus meisten dieser Gesteinssplitter stammen aus Granitgestein des hohen Nordens und wurden von Wasserströmungen in der Tiefe dorthin getragen. Deutlich weniger magnetische Gesteinssplitter in dieser Schicht deuten also auf eine recht abrupte Unterbrechung der Tiefenwasserströme vor 8380 Jahren hin. So alt ist nämlich der Meeresboden in 345 cm Tiefe. Schon 100 Jahre später aber normalisierten sich die Verhältnisse wieder – das zeigen die reichlicheren magnetischen Steinsplitter in 315 cm Tiefe. Stocken diese Tiefenwasserströme, fällt auch die Warmwasserheizung Europas aus. Tatsächlich wurde es damals dramatisch kälter – das beweisen verschiedene Analysen. Strömen große Mengen Süßwasser in den Nordatlantik, kann ein solcher Temperatursturz in der Alten Welt ausgelöst werden – das zeigen Klimamodelle. Aber woher kamen vor 8380 Jahren die riesigen Süßwassermengen? Darauf erhielten die Forscher einen Hinweis in den Sedimen-

ten: Lagerten sich vor der Südspitze Grönlands vor dieser Zeit in 100 Jahren etwa 9 cm Sediment ab, waren es 20 cm, als die Tiefenströme stoppten. Das lenkt den Verdacht auf den Agassizsee, in dem sich damals das Wasser der schmelzenden Gletscher sammelte, die während der vorherigen Eiszeit den Norden Nordamerikas mehrere Tausend Meter hoch bedeckt hatten. Dadurch aber wuchs der Druck der Wassermassen auf den Eisdamm im Norden, bis dieser schließlich barst. Die über die Hudson Bay weit in den Nordatlantik schießenden Wassermassen lieferten nicht nur das Süßwasser, das die Warmwasserheizung Europas abstellte, sondern trugen auch die Sedimente mit sich, die sich in dieser Zeit verstärkt am Meeresboden südlich von Grönland ablagerten.

Der Agassizsee

Weil im Süden das Land ansteigt und im Norden die letzten Eismassen den Weg in die heutige Hudson Bay versperrten, staute das Wasser der schmelzenden Gletscher Nordamerikas sich am Ende der Eiszeit in einem See. Mit 440 000 km³ bedeckte der Agassizsee eine größere Fläche als Deutschland.

Schauplatz eines Klimawandels: Über die Hudson Bay (Bildhintergrund) schoss vor etwa 8380 Jahren eine gigantische Menge Schmelzwasser – also Süß-wasser – in den Atlantik und stoppte den Golfstrom.

Ohne den Golfstrom sähe die Alte Welt alt aus

Europas Klima hängt von den Meeresströmen ab

Während auf mitteleuropäischen Märkten Äpfel aus der Region angeboten werden, ist es im Hinterland von Narvik im Norden Norwegens viel zu kalt für Obstbäume und Getreidefelder. Anstelle von Buchen und Eichen wachsen dort verkrüppelte Birken und der eine oder andere Nadelbaum.

Verschobenes Klima

Vielleicht sieht es ja in einigen Jahren oder Jahrzehnten im nördlichen Mitteleuropa ähnlich aus wie heute die Umgebung von Narvik. Der Klimawandel könnte nämlich auch die Meeresströmungen ausschalten, die warmes Wasser bis an die Atlantikküsten Europas tragen. Diese Warmwasserheizung aber verschiebt die Klimazonen der Alten Welt um rund 1500 km nach Norden. Ohne sie hätte Hamburg also ungefähr die gleichen Temperaturen wie Narvik heute. Getreidefelder hätten dann im Norden Mitteleuropas keine Chance mehr und die Kühe müssten sich ein dickes Fell zulegen. In Kanada, das ohne eine solche Heizung auskommen muss, wachsen auf dem gleichen Breitengrad, auf dem Hamburg liegt, nur Moose und Flechten, und statt Kühen weiden dort Karibus in der Tundra.

Wenn Klimaforscher ein Europa ohne Warmwasserheizung sehen wollen, müssen sie schon bis in die Eiszeit vor 100 000 bis 15 000 Jahren zurückkreisen. Damals endete der Golfstrom viel weiter südlich und es war genau jene 4 – 5 °C kälter als heute, die man für ein Europa ohne Golfstrom auch in heutiger Zeit erwarten würde.

Die Auswirkungen dieser Abkühlung waren dramatisch. Statt der heutigen durchschnittlichen plus 0,3 °C im mitteleuropäischen

Januar hätte ein Thermometer damals nur – 20 °C gezeigt. Die Gletscher rückten schließlich bis nach Hamburg und Berlin vor, in den anderen Regionen Mitteleuropas gab es anstelle von Wäldern und Wiesen eine Kältesteppe, wie sie heute im Norden Kanadas und Sibiriens zu finden ist.

Auch in Warmzeiten wie heute aber kann es schlagartig kälter werden, entdeckte Frank Sirocko von der Mainzer Universität bei Untersuchungen in der Eifel. Als vor 118 000 Jahren in Nordamerika nach einer langen Wärmeperiode die Gletscher wieder wuchsen, drängten sie anscheinend den Golfstrom schlagartig nach Süden ab. In weniger als zwanzig Jahren wurde es auch in der Eifel um etliche Grad kühler. Fehlt der Golfstrom, verdunstet aus dem kühlen Wasser des Atlantiks auch weniger Wasser. In Europa wird es also auch trockener und die üppige Eifellandschaft verwandelt sich in eine Kältesteppe ohne Bäume. Winzige Stückchen verkohlten Holzes und Staubkörner zeigen, dass damals Brände die vertrocknenden Wälder verzehrten, Staubstürme fegten über die Eifel.

Die „Winterlandschaft" von Pieter Brueghel d. J. aus dem Jahr 1601 erlaubt einen Blick auf die „kleine" europäische Eiszeit.

Meere und Klima

Die nasse Wiege

Das Leben entstand im Meer

Vom kleinsten Bakterium bis zum größten Wal, vom Urwaldbaum bis zum Wüstenkaktus – sämtliche heutigen Lebewesen stammen von Wasserbewohnern ab. Vor Milliarden von Jahren müssen sich chemische Moleküle in den Ozeanen der jungen Erde so verbunden haben, dass winzige Organismen entstanden.

Die ersten Erdenbürger

Wann dieses Ereignis stattgefunden hat, weiß bis heute niemand genau. Klar ist wohl, dass die vor 4,6 Mrd. Jahren geborene Erde zunächst zu heiß und unwirtlich für Lebewesen war. Doch spätestens vor 3,5 Mrd. Jahren scheinen erste Organismen die Bühne der Evolution betreten zu haben. Hinweise darauf wurden beispielsweise in Australien gefunden. Dort gibt es Ge-

steinsformationen aus dieser Zeit, die Fachleute „Stromatolithen" nennen. Diese Strukturen ähneln den „Bauwerken", die heute die auch als „Blaualgen" bekannten Cyanobakterien errichten. Ähnliche Organismen könnten also schon vor 3,5 Mrd. Jahren in den Meeren der Welt unterwegs gewesen sein. Wer aber waren ihre Vorfahren, wo kamen sie her?

1953 glaubte der US-amerikanische Chemiker Stanley Lloyd Miller das Rätsel gelöst zu haben. In einem legendär gewordenen Versuch simulierte er die Entstehung des Lebens im Labor. In einer gläsernen Apparatur schuf er eine Art junge Erde im Miniaturformat. Um eine künstliche Uratmosphäre zu schaffen, mischte er Methan, Ammoniak und Wasserstoff zusammen. Erhitztes Wasser sollte die Meere und das daraus verdunstende Wasser darstellen. Und elektrische Entladungen zuckten als urzeitliche Blitze durch die Apparatur.

Tümpel oder Tiefsee?

Das Ergebnis des Versuchs begeisterte den Forscher. Denn aus den einfachen chemischen Zutaten entstanden in wenigen Tagen komplexe, kohlenstoffhaltige Moleküle, wie sie in Lebewesen vorkommen. So fanden sich in den Glasbehältern sogenannte Aminosäuren, die für Lebewesen extrem wichtig sind. Denn aus

diesen Verbindungen bestehen die Proteine, die sämtliche Lebensfunktionen von Organismen in Gang halten. Damit schien alles klar: Das Leben war aus Molekülen entstanden, die in der „Ursuppe" der Ozeane schwammen.

Bald aber wiesen Zweifler darauf hin, dass die Konzentration von Wasserstoff, Methan und Ammoniak in der echten Uratmosphäre viel geringer gewesen sei als in Millers Labor-Erde. Außerdem hätten durch zufällige Blitzschläge nur relativ wenige Aminosäuren entstehen können, die sich im riesigen Urozean weit verteilt hätten. Wie hätten da genügend Moleküle zusammentreffen sollen, um Proteine zu bilden? Manche Forscher argumentieren, dass die Wiege des Lebens in flachen Lagunen oder Gezeitentümpeln gestanden haben könnte. Dort sei immer mehr Wasser verdunstet, sodass sich die anderen Moleküle in der Ursuppe immer stärker konzentrierten.

Andere Wissenschaftler vermuten eher, dass die ersten Organismen in der Nähe heißer Tiefseequellen geboren wurden. Dort hätten sich einfache Verbindungen zunächst an Mineralien angelagert und dann zu komplexeren Molekülen verbunden. Die für solche Reaktionen nötige Energie hätten die heißen Quellen jedenfalls zuverlässiger liefern können als ein paar vereinzelte Blitzeinschläge.

*Waren Lagunen oder Gezeitentümpel wie dieser die
Wiege des Lebens?*

Einzeller und Luftmatratzen

Die ersten Meeresbewohner

Das Leben entstand im Ozean – und etwa 3 Mrd. Jahre lang begnügte es sich mit diesem Lebensraum. Da blieb genügend Zeit, um eine Vielzahl von interessanten Lebewesen zu entwickeln, deren Aussehen so unterschiedlich war wie ihre Lebensweise.

Solarkraftwerke im Ozean

Die ersten Wasserbewohner waren reichlich unscheinbare Einzeller. Und doch schickten sich diese frühen Winzlinge an, die Lebensbedingungen auf dem Planeten komplett umzukrempeln. Denn sie beherrschten bereits eine Technik, mit der Pflanzen noch heute ihre Energieversorgung sicherstellen. In einer Art lebendem Solarkraftwerk wandeln sie die Energie der Sonnenstrahlung in energiereichen Zucker um, den sie dann für ihre Lebensprozesse entsprechend nutzen können. Fotosynthese nennen Biologen diese Form der Energiegewinnung. Bei diesem Vorgang aber wird als Abfallprodukt Sauerstoff frei. Diese Verbindung haben die Einzeller schon früh in der Erdgeschichte ins Wasser abgegeben, aus den Fluten gelangte sie dann in die Atmosphäre. Dort reicherte sich das Gas aus der Meeresfabrik immer mehr an – der Grundstein für die heute typische Sauerstoffatmosphäre des Planeten war gelegt.

Bis die ersten komplizierteren Lebewesen in den Meeren auftauchten, sollte es allerdings noch viele Millionen Jahre dauern. Die ersten Fossilien von mehrzelligen Organismen stammen aus der Zeit vor etwa 600 Mio. Jahren. Harte Schalen hatten diese Urzeittiere noch nicht erfunden, deshalb haben nur wenige ihrer Überreste die Jahrmillionen überdauert. Versteinerte Zeitzeugen dieser Epoche wurden jedoch in zahlreichen Weltregionen entdeckt. Offenbar waren die Vertreter dieser Fauna am Ende des Präkambrium-Zeitalters über die ganze Welt verbreitet.

Das Rätsel der Luftmatratzen

Etliche dieser Meeresbewohner sehen äußerst fremdartig aus. Manche erinnern z. B. an

kleine abgesteppte Luftmatratzen. Diese Vendobionta genannten Organismen halten manche Wissenschaftler weder für Tiere noch für Pflanzen, sondern für ein ganz eigenes Reich von Lebewesen. Dieses sei aber eine Sackgasse der Evolution gewesen, seine Vertreter seien komplett ausgestorben. Andere halten die Sonderlinge dagegen für nicht besonders gut erhaltene Würmer. Neben den „Matratzen" sind aus dieser Zeit aber auch vertrauter wirkende Arten erhalten geblieben, die an Schwämme, Quallen oder Korallen erinnern. Ob diese Lebewesen aber tatsächlich mit solchen heute bekannten Tiergruppen verwandt sind, ist umstritten. Es gibt allerdings Hinweise darauf, dass die rätselhaften Tiere zumindest bis ins anschließende Kambrium-Zeitalter überlebt haben, das vor gut 540 Mio. Jahren begann. In China wurde ein Vendobiont entdeckt, der vor etwa 515 – 520 Mio. Jahren gelebt haben muss. Und vielleicht ist das blattförmige Lebewesen auch nicht einfach ausgestorben, ohne Spuren zu hinterlassen. Manche Forscher halten es für einen Ahnen der heutigen Rippenquallen.

In den ersten Jahrmilliarden seiner Existenz blieb das Leben im Wasser – an Land war nicht die geringste Spur davon zu entdecken.

Bizarre Gestalten
Die Meereswelt im Kambrium

Meterlange Ungetüme mit Stielaugen halten Ausschau nach Beute. Sobald sie fündig geworden sind, packen sie mit ihren großen Zangen zu und stopfen den Happen zwischen die messerscharfen Zähne in ihrem runden Maul. *Anomalocaris* ist der Name der bizarren Kreaturen – und wie „normale" Tiere wirken sie tatsächlich nicht. Sie sehen aus, als seien sie der Fantasie eines besonders einfallsreichen Science-Fiction-Autors entsprungen. Dabei sind sie durchaus real – oder waren es zumindest. Während des Kambrium-Zeitalters vor mehr als 525 Mio. Jahren schwammen sie durch die Ozeane der Erde.

Steinerne Geschichtsbücher

Diese Periode der Erdgeschichte ist für ihr reiches Meeresleben bekannt. Allerdings gibt es nur wenige Stellen auf dem Planeten, an denen Wissenschaftler heute einen Blick zurück in diese fremde Welt werfen können. Wie die Kontinente bestehen auch die Ozeanböden aus riesigen Platten, die auf dem äußeren Teil des Erdmantels schwimmen. Da sie schwerer sind als die Platten der Kontinente, tauchen die ozeanischen Platten oft unter diese ab und verschwinden wieder im Erdmantel. In einigen Regionen auf dem Globus aber haben die steinernen Geschichts-

bücher die Erdzeitalter überdauert. Im Süden Chinas und in British Columbia in Kanada z. B. finden Wissenschaftler immer wieder neue Vertreter des bizarren Kambrium-Zoos.

Die damalige Tierwelt hatte einiges zu bieten. In den versteinerten Sedimenten der sogenannten Jangtseplattform in China haben Forscher die Fossilien von mehr als 80 Tiergattungen entdeckt. Manche davon sind so gut erhalten, dass man noch Magen, Darm und andere Weichteile erkennen kann. In einigen der versteinerten Mägen liegen sogar noch die Reste der letzten Mahlzeit. Eine längst untergegangene Welt wird so wieder lebendig.

Fantasiewelt unter Wasser

Da tauchen stachelige Würmer mit Stelzenbeinen auf, die eher Sinnestäuschungen als Tiere zu sein scheinen – daher der Name *Hallucigenia*. Es gab krabbenähnliche Wesen mit zahlreichen Beinen und Anhängseln und Gliedertiere mit schlauchförmigen Rüsseln. Die bekannten Trilobiten mit ihren gepanzerten Gliederkörpern erinnern an große Asseln, die Armfüßer dagegen sehen ähnlich aus wie heutige Muscheln.

Manche der Funde sind so fremdartig, dass Forscher Mühe haben, aus den Bruchstücken

der Fossilien die Gestalt der Tiere zu rekonstruieren. Andere aber wirken sehr vertraut. Sie scheinen die Urahnen von Weichtieren, Krebsen und anderen heute bekannten Tiergruppen zu sein. Sogar einen etwa 530 Mio. Jahre alten Fisch haben Paläontologen in Südchina entdeckt. Zwar hatte man lange vermutet, dass Fische erst 60 Mio. Jahre später entstanden seien. Doch *Haikouichthys* mit seinem Gehirn, seiner Rückenflosse und dem Vorläufer einer Wirbelsäule hat die Experten eines Besseren belehrt. Offenbar sind also auch die ältesten Wirbeltiere schon in den Ozeanen des Kambriums entstanden.

Urknall der Artenvielfalt?

Lange hatten Wissenschaftler angenommen, dass im Kambrium-Zeitalter in den Meeren schlagartig eine Fülle von Tierarten entstanden sei. Man stellte sich eine Art Urknall der Artenvielfalt vor, eine „Kambrische Explosion". Inzwischen aber gibt es immer mehr Indizien dafür, dass Ahnen dieser Tiere schon in den Ozeanen früherer Epochen schwammen. Weil sie ihre Körper damals aber noch nicht mit harten Schalen schützten, ist von diesen Urtieren wenig erhalten geblieben.

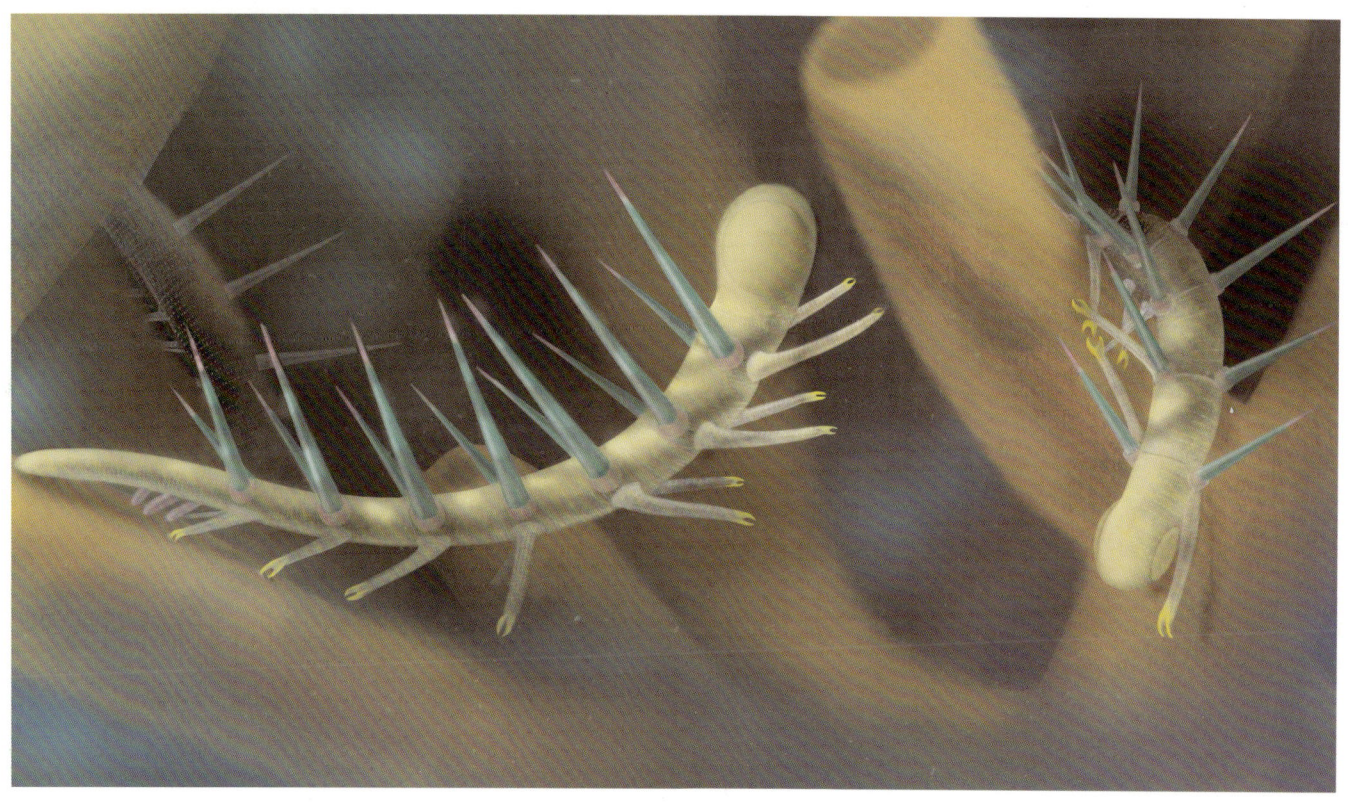

*Zu den frühen Meeresbewohnern zählten Kreaturen
wie die* Hallucigenia. *Im Bild eine auf
Fossilienfunden basierende Nachbildung.*

Die Urmutter der Pflanzen

Cyanobakterien fangen Sonnenlicht

Sehr viele Organismen im Meer können nur überleben, wenn sie anderes Leben fressen. Grundlage solcher Nahrungsketten aber müssen Organismen sein, die wachsen können, ohne anderes Leben zu verzehren. Heute sind das vor allem Organismen, die sich mithilfe von Sonnenenergie und verschiedenen Elementen der unbelebten Natur die Bausteine des Lebens selbst zusammenbasteln.

Sonnenfänger

Diese Sonnenfänger aber entstanden einst im Meer. Dort schwammen wohl schon kurz nach Entstehen der Ozeane erste Bakterien, die sich aus verschiedenen Quellen ernährten. Manche gewannen Energie vermutlich durch den Umbau damals reichlich vorhandener chemischer Verbindungen in andere Moleküle. Andere Organismen nutzten vielleicht auch die Energie radioaktiver Strahlung.

Einer dieser Organismen aber entwickelte im Lauf der Zeit ein ganz besonderes Biomolekül, das blaues und rotes Sonnenlicht einfängt und mit seiner Energie einfache Chemikalien herstellt. In einem weiteren Schritt verwenden solche Organismen diese chemische Energie zur Herstellung der Bausteine des Lebens. Einige dieser urtümlichen Sonnenfänger wie die Cyanobakterien leben noch heute. Diese verwenden nicht nur ein Chlorophyll genanntes Riesenmolekül, um Sonnenlicht einzufangen, sondern auch einen zwei-

ten, noch effektiveren Lichtfänger, den die Biologen Phycobilin nennen. Mit seiner Hilfe können Cyanobakterien daher auch an Stellen wachsen, an denen für alle anderen Organismen zu wenig Licht einfällt.

Erste Symbiose

Seit mindestens 3,43 Mrd. Jahren gibt es solche Cyanobakterien, die wie moderne Algen, Moose, Flechten und höhere Pflanzen Sonnenlicht, Kohlendioxid und Wasser in Biomoleküle umwandeln. In der Frühzeit der Erde aber gab es wohl auch Einzeller, die als Räuber lebten und Cyanobakterien fraßen. Einer dieser Räuber hat eines Tages ein Cyanobakterium zwar gefressen, aber nicht verdaut. Von dieser neuen Situation profitierten beide Partner: Die räuberische Zelle schützte das Cyanobakterium vor anderen Räubern und dieses lieferte seinem Wirt im Gegenzug Biomoleküle, die es aus Sonnenlicht gewann.

Im Lauf der Jahrmillionen entwickelten sich aus diesen Cyanobakterien winzige Organe, die Biologen Chloroplasten nennen. Damit aber war eine erste Pflanzenzelle entstanden.

Mikroskopische Aufnahme von Cyanobakterien. Deren Vorfahren standen bei der Bildung der ersten Pflanzenzelle Pate.

Kalkstücke beweisen frühes Leben

Von den ersten Cyanobakterien sind wohl kaum Überreste erhalten geblieben. Allerdings fangen diese Bakterienkolonien Partikel aus dem Meerwasser ein, aus denen sich im Lauf der Jahre kleine Kalkbrocken bilden, die Geowissenschaftler Stromatolithen nennen. 3,43 Mrd. Jahre sind die ältesten vor Australien entdeckten Stromatolithen alt. Aber handelt es sich dabei tatsächlich um das Werk von Mikroorganismen? Schließlich könnten
auch heiße Unterwasserquellen und unterseeische Vulkane ähnliche Kalkfelsen entstehen lassen. Als Forscher aber ein 10 km langes Riff aus diesen uralten Ablagerungen untersuchten, entdeckten sie sieben verschiedene Formen von Stromatolithen, die vermutlich an jeweils andere Bedingungen wie Wassertemperatur oder Strömungen angepasst waren. Eine solche Vielfalt aber können nur Mikroorganismen, kaum aber Unterwasserquellen schaffen.

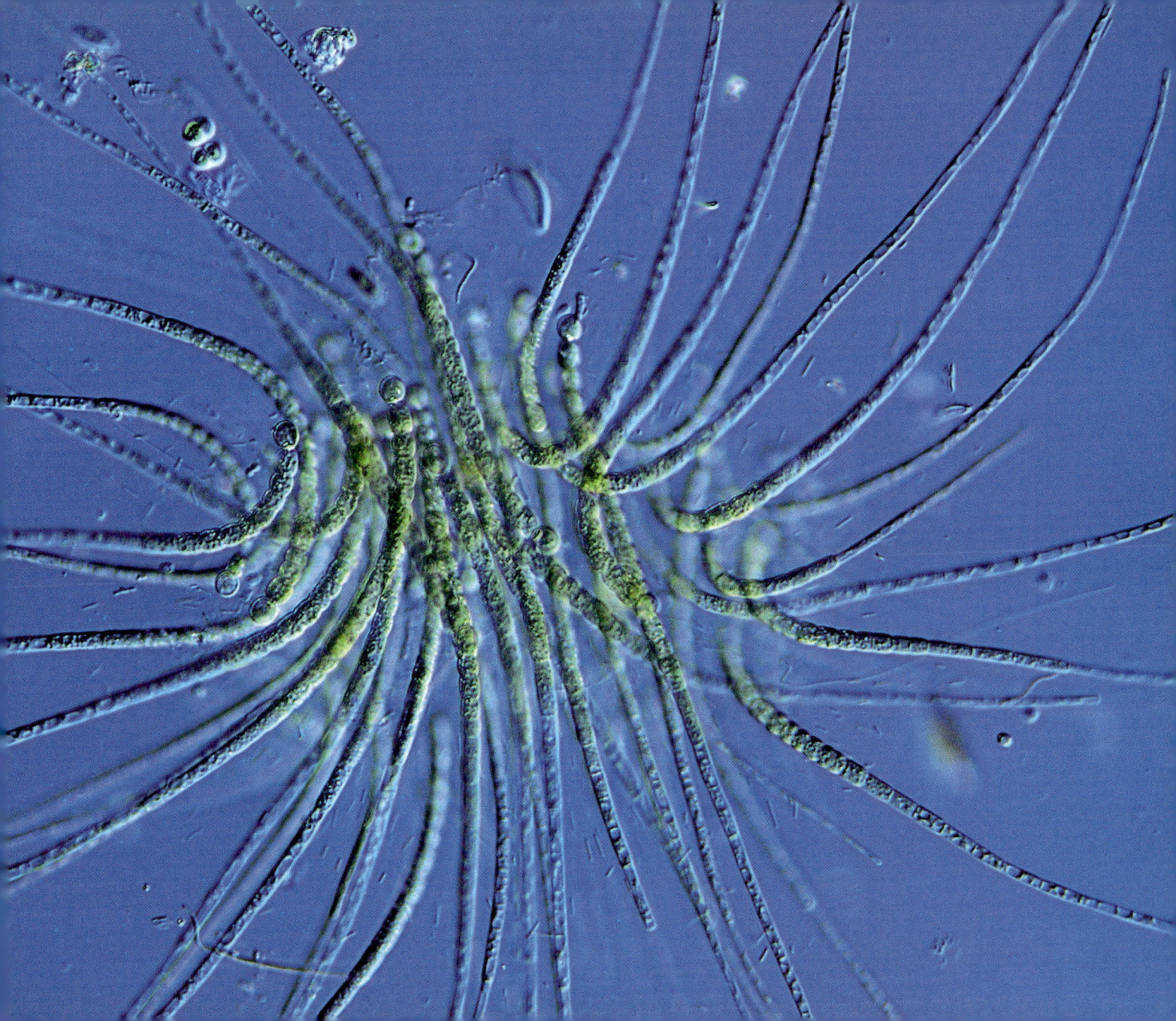

Winzige Sauerstoffproduzenten

Das Phytoplankton

Die heimlichen Herrscher der Ozeane sind mit bloßem Auge kaum zu erkennen. Nur wenn sie in Massen auftreten, überzieht ein grüner Schleier die Fluten. Ansonsten bleibt das im Wasser treibende Heer von mikroskopisch kleinen Algen und Bakterien meist unbemerkt. Doch so unscheinbar diese „Phytoplankton" genannten Winzlinge auch sein mögen: Ohne sie würden sämtliche Nahrungsketten im Meer zusammenbrechen. Und so ganz nebenbei sorgen sie auch noch dafür, dass dem Planeten nicht die Luft ausgeht.

Lebende Solarkraftwerke

Insgesamt produzieren die Meere der Welt jedes Jahr schätzungsweise 6 Mrd. t Phytoplankton. Die faszinierende Vielfalt dieser Lebewesen zeigt sich erst unter dem Mikroskop. Da schwimmen kleine Sterne neben glitzernden Kugeln und schmale Stäbchen neben blattförmigen oder igelartigen Gebilden. Allein von den auch als „Kieselalgen" bekannten Diatomeen mit ihren glasartigen Schalen kennen Biologen mindestens 6000 verschiedene Arten. Dazu kommen Grünalgen, die grünlich-blau schimmernden Cyanobakterien und die auch „Panzeralgen" genannten Dinoflagellaten. Letztere machen vor allem durch Arten auf sich aufmerksam, die bei Berührung Licht aussenden und so das sogenannte Meeresleuchten erzeugen.

Doch so sehr sich die Phytoplankton-Organismen in Aussehen und Verhalten unterscheiden, ein Talent haben sie alle gemeinsam: Wie die Pflanzen an Land können sie mithilfe von speziellen Farbstoffen das Sonnenlicht einfangen. Dessen Energie nutzen sie dann, um aus Kohlendioxid und Wasser Traubenzucker und Sauerstoff zu produzieren. Der Sauerstoff ist dabei eigentlich nur ein Abfallprodukt der Fotosynthese. Die lebenden Solarkraftwerke geben ihn ins Wasser ab und von dort gelangt er in die Atmosphäre. In den frühen Zeiten der Erdgeschichte hat das Phytoplankton so dafür gesorgt, dass sich Sauerstoff in der Atmosphäre anreicherte. Und bis heute liefern die unscheinbaren Meeresbewohner einen deutlich größeren Anteil des auf der Erde produzierten Sauerstoffs als die Pflanzen an Land. Ohne diese gewaltige Leistung würde dem höher entwickelten Leben auf der Erde wohl sehr schnell die Luft zum Atmen fehlen.

Algen auf dem Speiseplan

Für die Tiere der Ozeane sind die winzigen Algen und Bakterien aber noch aus einem anderen Grund lebenswichtig. Denn nur sie können aus Sonnenlicht, Kohlendioxid und Wasser organische Substanz produzieren. Aus dem durch Fotosynthese gewonnenen Zucker gewinnen sie die Energie für ihren Stoffwechsel und die komplexen Bausteine für ihren Körper. Von dem so aufgebauten Material aber leben alle anderen Meeresbewohner. Das Phytoplankton landet direkt im Magen der Pflanzenfresser, von denen sich wiederum alle möglichen Räuber bis hin zu den großen Fischen, Vögeln und Säugetieren ernähren.

Produktive Hungerkünstler

Viele Phytoplankton-Arten brauchen zum Wachsen Dünger in Form von Stickstoff- und Phosphorverbindungen. Deshalb hatten Wissenschaftler die nährstoffarmen Bereiche der Ozeane lange Zeit für eine Art Wüsten ohne große biologische Aktivität gehalten. Heute weiß man aber, dass genau dort etwa die Hälfte der weltweiten Fotosyntheseaktivität stattfindet. Und ein guter Teil dieser lebenswichtigen Produktion hängt von einem Bakterium namens Prochlorococcus marinus ab, das Forscher erst seit 1988 kennen. In den nährstoffarmen Meeren produziert es zwischen 30 und 80 % der organischen Substanz.

Das Satellitenfoto vom 6. Juni 2006 zeigt einen riesigen aquamarinfarbenen Phytoplankton-Schleier, der sich entlang der gesamten Westküste Irlands erstreckt.

Zwerge mit Rüstungen

Kieselalgen

Kieselalgen gehören wohl zu den häufigsten Pflanzen, die es auf der Erde gibt. In einem einzigen Liter Meerwasser können unter günstigen Umständen Millionen der auch Diatomeen genannten Einzeller schwimmen. Diese Organismen produzieren nicht nur gewaltige Mengen Sauerstoff und organische Substanz. Sie verblüffen auch durch ein ungewöhnliches Talent für stabilen Leichtbau.

Gläserne Panzer

Kieselalgen erinnern äußerlich an eine Schachtel. Ihr Zellinneres liegt in unterschiedlich geformten Schalen aus Kieselsäure, die aus einem Unterteil und einem

Deckel bestehen. Dieser filigrane, glasartige Panzer mag zerbrechlich aussehen, doch bietet er den Algen einen sehr effektiven Schutz vor gefräßigen Kleinkrebsen und anderen Feinden. Im Labor haben Wissenschaftler die Stabilität dieser Schutzhüllen getestet. Mit winzigen Glasnadeln haben sie versucht, verschiedene Kieselalgen zu zerquetschen. Die widerstandsfähigsten Exemplare hielten dabei umgerechnet einem Druck stand, wie ihn eine Masse von 700 t auf einen Quadratmeter ausübt. Das entspricht etwa der Belastung eines Esstischs, auf dem ein Elefant steht.

Das Geheimnis dieser Widerstandsfähigkeit liegt im Aufbau der Schalen. Zur Stabilität des Panzers trägt dabei nicht nur sein Material, sondern auch seine Architektur bei. Spezielle Rippen verteilen die Kräfte gleichmäßig, sodass die Hülle weniger leicht bricht. In Modellen haben die Forscher berechnet, dass man Schalen ohne solche Rippen mit 40 % weniger Kraftaufwand knacken könnte.

Viele kleine Wassertiere können diesen widerstandsfähigen Schutz nicht zerbeißen. Wenn sie die Algen aber unzerkaut verschlingen, passieren diese oft unversehrt den Verdauungstrakt. Ihre gläserne Rüstung rettet den Diatomeen also häufig das Leben. Allerdings haben etliche Tierarten im Lauf der Evolution dann doch wirksame Methoden entwickelt, um die gläsernen Panzer zu durchbrechen. So besitzen manche spezielle Mundwerkzeuge, andere können die Einzeller verdauen, ohne die Schalen zu öffnen.

Zahnpasta und Dynamit

Die Widerstandsfähigkeit der Kieselsäure-Rüstungen reicht sogar über den Tod ihrer Bewohner hinaus. Wenn die Diatomeen absterben, bleiben ihre Schalen zunächst erhalten und sinken auf den Grund von Meeren und Seen. Vor allem in kühlen und kalten Meeresregionen bilden sich so mächtige Ablagerungen aus Diatomeen-Schlamm. Wissenschaftler schätzen, dass diese Substanz derzeit etwa 8 % des Meeresbodens auf der Erde bedeckt. Im Lauf langer Zeiträume entsteht daraus ein Sedimentgestein, das „Kieselgur". Dieses leichte und poröse Material kann man für die verschiedensten Zwecke einsetzen. Es macht Autoreifen abriebfester, Asphalt beständiger und Dünger streufähiger. Man kann es als Filter benutzen, um Trinkwasser zu entkeimen oder Abwasser zu klären. Es dient als Putzkörper in Zahnpasta und als reflektierender Bestandteil in der Farbe für Straßenmarkierungen. Und wenn man Kieselgur mit Nitroglycerin mischt, erhält man Dynamit.

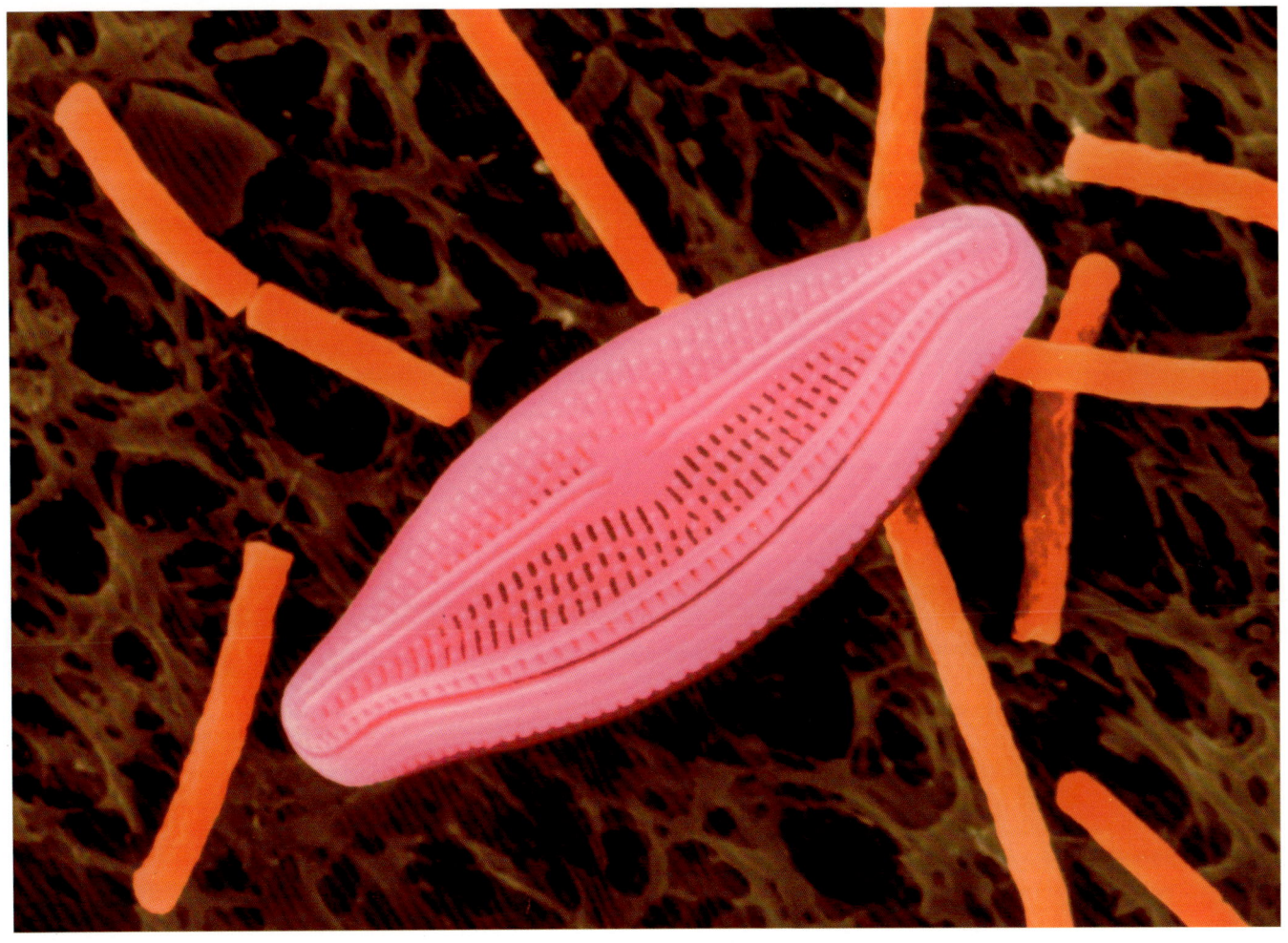

Unter dem Elektronenmikroskop wird die feinglied-
rige Rippenstruktur des Panzers vieler Diatomeen
deutlich sichtbar.

Winzige Chemiefabriken
Algen produzieren gefährliche Gifte

Mit dieser Gefahr hatte niemand gerechnet. Die Alge *Chrysochromulina polylepis* galt als weitverbreitete, harmlose Art. Bis sie im Frühjahr 1988 vor der skandinavischen Küste plötzlich gewaltige Teppiche bildete, aus denen ein hochwirksames Gift strömte. Auf einer Länge von mehreren Hundert Kilometern wurde in den betroffenen Gewässern der gesamte Fischbestand vernichtet.

Pflanzliche Giftmischer

Derzeit kennen Biologen ungefähr 100 Algenarten, die toxische Substanzen produzieren können. Die pflanzlichen Giftmischer sind damit eine verschwindend kleine Minderheit unter den mehr als 10 000 Algenarten der Weltmeere. Etliche bekannte Giftproduzenten gehören zur Gruppe der Dinoflagellaten oder Panzeralgen. Die Vertreter der Gattung *Alexandrium* z. B. lösen die bekannten „red tides" aus, bei denen in jedem Milliliter Wasser Millionen giftige Einzeller schwimmen und das Meer tief rot färben.

Gerade solche gefährlichen Arten scheinen von den Aktivitäten des Menschen zu profitieren. Weltweit nehmen die giftigen Algenblüten zu. Zwar kennt man solche Ereignisse in Europa schon seit mehr als 100 Jahren. Doch je mehr Stickstoff die Flüsse aus Abwässern und Düngemitteln ins Meer transportieren, desto günstiger werden die Bedingungen für solche gefährlichen Entwicklungen.

Die kleinen Giftmischer scheinen aber nicht nur häufiger, sondern auch gefährlicher zu werden. Wenn sich Dinoflagellaten vermehren, bauen sie Stickstoff und Phosphor im Verhältnis 16 zu 1 in ihre Zellbestandteile ein. Da es vielerorts aber Stickstoff im Überfluss gibt, wird den Einzellern mit der Zeit der Phosphor knapp. Die Algen hören daraufhin auf, sich zu vermehren. Ihr Stoffwechsel arbeitet aber nach wie vor auf Hochtouren und wandelt den überschüssigen Stickstoff in verschiedene Verbindungen um. Manche davon sind Gifte wie Saxitoxin, das 30 % Stickstoff, aber keinen Phosphor enthält.

Tödliche Mahlzeit

Vor den schottischen Orkneyinseln haben Wissenschaftler Muscheln gefangen, die pro Kilogramm bis zu 5 mg des Algengiftes Saxitoxin enthielten. Schon der Verzehr einer einzigen dieser Muscheln hätte bei empfindlichen Menschen Vergiftungssymptome ausgelöst. Eine ganze Mahlzeit wäre tödlich gewesen.

Gefahr auf dem Teller

Wofür die Einzeller diese Toxine brauchen, bleibt allerdings ein Rätsel. Eine sinnvolle ökologische Erklärung gibt es bisher nicht. Denn Muscheln und anderen Algenfeinden machen die Gifte nicht besonders viel aus. Gefährlich wird es dagegen für die höheren Glieder der Nahrungskette. Auch für Menschen kann ein Muschelgericht aus einem algenbelasteten Meeresgebiet fatale Konsequenzen haben. Denn die Weichtiere reichern die gefährlichen Gifte in hohen Konzentrationen an. Immerhin filtrieren sie in einer Stunde etwa 20 l Wasser. Und darin können sich während einer Algenblüte viele Millionen Einzeller befinden, deren Gifte in den Muscheln hängen bleiben.

Solche Toxine rufen je nach Algenart verschiedene Symptome hervor. Das Spektrum reicht von Verdauungsbeschwerden bis zum Gedächtnisverlust. Berüchtigt ist die „Paralytische Muschel- und Krabbenvergiftung" („Paralytic Shellfish Poisoning", PSP). Sie wird durch Saxitoxin ausgelöst, das tausend Mal giftiger ist als Zyankali. Es blockiert die Weiterleitung von Nervensignalen, Lähmungen von Muskeln und Atemwegen sind die Folge. Schon weniger als 1 mg Saxitoxin kann einen erwachsenen Menschen töten.

Bei Phosphormangel steigern z. B. die Panzergeißler
Alexandrium tamarense *ihre Giftproduktion um ein
Vielfaches – und können dann solche „red tides"
auslösen.*

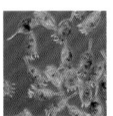

Schwebende Tiere

Das Zooplankton

Sie sind den Strömungen hilflos ausgesetzt. In den Ozeanen der Welt treibt ein Heer von Tieren umher, das sich nicht durch aktives Schwimmen zu jedem gewünschten Ziel bewegen kann. „Zooplankton" nennen die Biologen diese Organismen, die steuerlos im Wasser schweben.

Tierische Fischer

Solche Tiere können durchaus beachtliche Größen erreichen. Quallen z. B., die es leicht auf einige Meter Durchmesser bringen können, gehören zum Zooplankton. Die meisten der schwebenden Meeresbewohner sind allerdings eher Winzlinge.

Auf Stippvisite

Nicht alle im Wasser schwebenden Tiere verbringen ihr ganzes Leben als Zooplankton. Für viele ist diese Lebensweise nur eine Übergangsphase. So lassen sich die Eier und Larven vieler Tiere eine Zeit lang in der Strömung treiben, bevor sie als Erwachsene den Meeresgrund besiedeln. Für wenig mobile Arten wie Schnecken, Muscheln oder Seeigel bietet sich so die Chance, neue Lebensräume in einiger Entfernung zu erobern.

Den bei Weitem größten Teil des Zooplanktons stellen die nur wenige Millimeter großen Ruderfußkrebse, von denen Biologen etwa 14 000 verschiedene Arten kennen. Wahrscheinlich gehören sie zu den häufigsten Tieren, die es überhaupt auf der Erde gibt. Im Frühjahr explodieren ihre Bestände regelrecht. Denn dann entwickeln sich auch massenhaft winzige Algen, von denen die kleinen Vegetarier leben. Um ihre pflanzliche Beute einzufangen, haben die Krebse eine sehr effiziente Technik entwickelt: Sie strampeln einfach mit ihren Schwimmbeinen und erzeugen so einen Wasserstrom, der die Algen zu ihnen hinzieht. Mit speziellen kleinen Fangkörbchen an ihren Gliedmaßen können sie so massenweise Nahrung aus dem Wasser fischen.

Auch andere Planktonarten nutzen raffinierte Fangtechniken, um ihren Hunger zu stillen. Manteltiere und manche Wurmlarven z. B. bauen sich ballonförmige Netze aus Schleim. So sitzen die Larven des Wurmes *Pectinaria californiensis* am Eingang solcher Schleimgebäude und strudeln mit kräftigen Ruderbewegungen Wasser mitsamt den darin schwebenden Partikeln hinein. Sehr kleine Teilchen fließen einfach durch die Hauswände wieder nach draußen. Größere Partikel passen dagegen nicht mehr durch die Poren der Wände. Sie werden im Inneren zurückgehalten, zum Larvenmaul gestrudelt und verschlungen.

Netze auf der Speisekarte

Möglicherweise sichern solche Schleimhäuser nicht nur ihren Bewohnern das Überleben. Wissenschaftler vermuten, dass die ausgemusterten Fangnetze von geschwänzten Manteltieren einen großen Teil des Lebens auf dem Meeresboden ernähren. Die meisten dieser tierischen Ballonbauer sind winzig klein, es gibt aber auch Arten, die bis zu 6 cm lang werden. Ihre Schleimhüllen erreichen oft Durchmesser von mehr als 1 m. Ist der Ballon beschädigt, wirft das Tier sein Haus einfach ab und baut ein neues. Die leere Hülle kollabiert und sinkt rasch auf den Meeresboden. Auf ihrem Weg in die Tiefe haben Bakterien kaum Zeit, das Material abzubauen. Mit Videokameras haben die Forscher vor der kalifornischen Küste festgestellt, dass diese Ballons in großen Mengen den Meeresboden erreichen und so sehr viele organische Kohlenstoffverbindungen in die Tiefe transportieren. Wenn die Manteltiere in anderen Meeren ähnlich häufig sind wie vor der kalifornischen Küste, könnten sie im Kohlenstoff- und Energiekreislauf der Ozeane eine wichtige Rolle spielen.

Rädertierchen gehören zum Zooplankton. Ihren
Namen verdanken sie ihrem Räderorgan, zwei
Wimpernkränzen, die fast ständig in Bewegung sind
und sich drehenden Rädern gleichen. Es dient der
Fortbewegung und dem Einstrudeln von Nahrung.

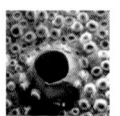

Medizin aus der Meeresapotheke

Schwämme liefern Arzneiwirkstoffe

Schwämme sind keineswegs nur gelbe, rundliche Gebilde auf dem Badewannenrand. Manche sehen aus wie schuppige Krusten oder verzweigte Bäumchen, andere wie Schläuche oder Becher. Einige strahlen in kräftigem Rot oder Orange, in Gelb oder Blau. Wissenschaftler kennen inzwischen etwa 7500 Arten dieser urtümlichen Tiere – wahrscheinlich gibt es insgesamt etwa zwei bis sechs Mal so viele. Und etliche davon taugen offenbar zu mehr als nur zum Badeschwamm.

Der schnellste Schwamm der Welt

Eine Geschwindigkeit von 2 mm pro Stunde – das klingt nicht unbedingt rekordverdächtig. Doch mit dieser Leistung hat es ein Bewohner des Stuttgarter Zoos zum Titel „schnellster Schwamm der Welt" gebracht. In einem der dortigen Aquarien hatten Wissenschaftler eine bis dahin unbekannte Schwammart entdeckt und auf den Namen Tethya wilhelma *getauft. Während sich viele Schwämme als erwachsene Tiere überhaupt nicht mehr fortbewegen können, kommt diese Art immerhin langsam voran – und das ganz ohne Muskeln: Die Turboschwämme fließen vorwärts, indem sie die Zellen in ihrem Körper verschieben.*

Biologische Kriegsführung

Die sesshaften Meeresbewohner sind offenbar lebende Chemiefabriken. Ungefähr die Hälfte der etwa 750 neuen Substanzen, die Wissenschaftler jedes Jahr in den Organismen der Ozeane entdecken, stammt aus Schwämmen. Die an Felsen oder Korallenriffen festgewachsenen Tiere müssen schließlich verhindern, dass sie im Maul eines Fisches landen oder von Algen und Bakterien überwachsen werden. Das aber lässt sich am besten mit chemischen Substanzen bewerkstelligen, die für andere Organismen giftig sind. Genau diese Abwehrwaffen aber können für den Menschen sehr nützlich sein. Denn manche davon töten auch Krebszellen oder krank machende Bakterien und Viren ab. Bekannte Schwammwirkstoffe sind z. B. Latrunculin, das gegen Tumoren und Viren wirkt, und Avarol, das in Zellkulturen AIDS-Viren abtötet.

Wissenschaftler suchen nun nach weiteren Wirkstoffen aus der Meeresapotheke. Sie sammeln dazu Proben von allen möglichen Schwammarten, isolieren deren Stoffwechselprodukte und testen sie auf mögliche Wirkungen. Allerdings benötigt man, um daraus ein Medikament zu entwickeln, zunächst einmal eine ausreichend große Menge der jeweiligen Substanz.

Zucht für die Meeresapotheke

Genau da aber liegt oft das Problem. Denn aus freier Natur kann man meist nicht genügend Material gewinnen, ohne die jeweiligen Arten zu gefährden. So produziert eine ganze Tonne Schwämme der Gattung *Lissodendoryx* gerade einmal 300 mg der krebsbekämpfenden Substanz Halichondrin B. Solche Mengen reichen jedoch bei Weitem nicht für eine klinische Studie des Wirkstoffs, geschweige denn für eine spätere Produktion in größerem Umfang.

Schnell kam man vor diesem Hintergrund auf die Idee der Schwammzucht. Doch die hat ihre Tücken. Eigentlich, so sollte man denken, müssten sich so primitive Lebewesen ja leicht züchten und in Gefangenschaft halten lassen. Doch das ist keineswegs der Fall: In Aquarien kümmern Schwämme oft unansehnlich vor sich hin. Ein großes Problem ist z. B. die Ernährung der Tiere. Niemand weiß so recht, wie die optimale Schwammdiät aussehen sollte – man muss es einfach ausprobieren. Auch die Temperatur- und Lichtbedürfnisse verschiedener Arten werden noch erforscht. Künftig sollen die tierischen Pharmaproduzenten dann in größeren Mengen in Aquarien, Bioreaktoren und Zellkulturen, aber auch in Schwammgärten im Meer heranwachsen.

Das Leben im Wasser

Die Unterwasseraufnahme zeigt einen mit Moostierchen überzogenen Schwamm in der Karibik. Wie hier ersichtlich leben Schwämme durchaus in Gemeinschaft mit anderen Tieren; gegen für sie bedrohliche Arten wehren sie sich mit diversen giftigen Substanzen – die als Arzneiwirkstoffe für den Menschen infrage kommen.

Symbiose unter Wasser

Korallen mit Untermietern

Dem riesigen Korallenriff mit seinen bunten Farben sieht man es auf den ersten Blick gar nicht an, dass seine Baumeister keine Pflanzen, sondern Tiere sind. Wegen der bunten Farben und der filigranen Strukturen solcher Riffe heißen diese Organismen dann auch Blumentiere oder Anthozoa. Mit einem Fuß halten die winzigen Tierchen sich an Steinen oder ähnlichem hartem Untergrund fest. Als zusätzliche Stütze scheidet dieser Fuß bei verschiedenen Korallenarten eine bestimmte Form von Kalk aus, die Experten als Aragonit bezeichnen. Dieser Kalk bildet eine Art äußeres Skelett, das immer weiter wächst. An den Enden der so entstehenden astähnlichen Verzweigungen sitzen die eigentlichen Bewohner, die sogenannten Polypen. Bei Gefahr können sie sich in ihren Panzer zurückziehen, normalerweise aber filtern sie außen mikroskopisch kleine Lebewesen aus dem vorbeiströmenden Wasser.

Algen im Körper

Den in ihren Kalkwohnungen lebenden Steinkorallen reicht das gefangene Plankton allerdings nicht immer zum Leben. Sie haben deshalb Untermieter aufgenommen, die Biologen Zooxanthellen nennen. Das sind winzige Algen, die im Körper der Steinkoralle leben und aus Sonnenlicht, Wasser und Kohlendioxid wichtige Nährstoffe, z. B. Zucker, produzieren. Bei diesem Symbiose genannten Zusammenleben schützen die Korallen ihre grünen Mitbewohner vor Feinden, im Gegenzug zahlen die Algen ihren Schutzherren eine Art Miete in Form von Nährstoffen.

Steinkorallen und Algen erweitern ihre Gemeinschaft gern um einen weiteren Untermieter, die Cyanobakterien. Diese Mikroorganismen liefern ihren Mitbewohnern die fehlenden Stickstoffverbindungen. Im Gegenzug versorgen die Algen die Cyanobakterien mit Nahrung, während die Korallen für den Schutz der Gemeinschaft zuständig sind.

Korallenriffe

Weil die Algen aber Sonnenlicht zum Leben brauchen, wachsen solche Symbiosen nur bis in Tiefen, in die noch Licht vordringt. In tropischen und subtropischen Gewässern sind das normalerweise allenfalls 30 m Tiefe. Steigt der Meeresspiegel oder senkt sich der Meeresgrund, können Korallen aber nach oben weiterwachsen, während die Artgenossen in der Tiefe langsam absterben. Auf diese Weise entstanden in den letzten 480 Mio. Jahren, in denen Korallenriffe in den warmen Ozeanen der Welt wuchsen, oft Tausende Meter hohe Kalkschichten, die heute ganze Bergzüge bilden. Verschwindet eines Tages das Meer, bleiben die Kalkskelette der einstigen Korallen- und Schwammriffe übrig. Tatsächlich bestehen die mächtigen Felsen der Dolomiten in Südtirol, Teile der nördlichen Kalkalpen, der Schwäbischen und Fränkischen Alb, von Harz und Eifel sowie der Rocky Mountains und des Himalaja aus Resten ehemaliger Korallenriffe.

> ### Licht in der Tiefe
>
> *In rund 100 m Tiefe des Roten Meeres lebt eine Steinkoralle noch mitsamt ihren Algenuntermietern. Diese aber benötigen eigentlich auch den langwelligen, roten Anteil des Sonnenlichts, den die oberen Wasserschichten längst weggefiltert haben. Daher haben die Steinkorallen eigene Pigmente entwickelt, die das bis in diese Tiefe dringende blaue Licht mit kürzerer Wellenlänge aufnimmt und dieses in Fluoreszenzlicht umwandelt, das genau die den Algen fehlende rote Strahlung liefert. Auf diese Weise konnten Steinkorallen auch größere Tiefen erobern.*

Die Bewohner der Korallen sitzen an den Enden der astähnlichen Verzweigungen.

Städte im Meer

Korallenriffe sind komplexe Gebilde

In ihrer Struktur ähneln Korallenriffe Hochhäusern. Und ähnlich wie eine größere Stadt funktionieren sie nur, weil verschiedene Spezialisten gut zusammenarbeiten und sich gegenseitig ergänzen.

Kraftwerke und Müllabfuhr

Die Algen in den Korallen sind die Solarenergiekraftwerke der Unterwasserstädte, die für eine reibungslose Energieversorgung der Metropole zuständig sind. Wie in jeder Menschenstadt gibt es auch in der Tiefe eine Müllabfuhr und Klärwerke: Krebse und Krabben fressen anfallende Abfälle wie tote Fische und anderes Gewebe rasch auf. Schwämme wiederum pumpen laufend Wasser durch ihren Organismus und filtern dabei kleinere Lebewesen bis hin zu den winzigen Bakterien aus. So sorgen sie für klares Wasser, durch das Sonnenlicht möglichst gut zu den Algen dringt. Bohrschwämme, Bohrwürmer und Bohrmuscheln bohren sich in kranke Korallen, um dort Schutz zu finden. Oft genug aber brechen dabei ganze Äste ab – diese Lebewesen übernehmen also die Funktion eines Abbruchunternehmens. Seeigel und Papageifische wiederum fungieren als Gärtner, weil sie Makroalgen fressen, die sonst bald das Riff überwuchern würden.

Sogar Zahnärzte gibt es in der Korallenstadt: Putzerfische und Putzergarnelen holen aus dem Maul und den Kiemen großer Zacken- oder Riffbarsche Nahrungsreste und Parasiten. Anscheinend wissen die Raubfische, wie wichtig diese Mundhygiene ist. Jedenfalls „stellen" sie sich oft geduldig an und warten, bis sie mit dem Zähneputzen an der Reihe sind.

Kinderstube unter Wasser

Viele Fische nutzen die Korallen auch als Kinderstube für ihre Brut, die in den engen Gassen der Unterwasserstadt nicht so leicht gefräßigen Feinden zum Opfer fällt. Poppig bunte Farben bringen manche dieser Fische genauso in das sonst eher grünlich-braune Riff wie etliche Röhrenwürmer, Schwämme und sogenannte Weichkorallen.

Auch die bald 4000 verschiedenen Arten dieser Weichkorallen leben ähnlich wie die rund 1000 Steinkorallenarten in Kolonien, allerdings fehlt ihnen der Schutz des harten Kalkskeletts. Deshalb wehren sich die in der Strömung wiegenden Weichkorallen häufig mit Gift gegen gefräßige Mäuler; ihre bunten Farben signalisieren „Vorsicht: Gift!".

Papageifisch und Zackenbarsch

Das Teamwork im Korallenriff funktioniert oft recht kompliziert. So ging es den Papageifischen in einem Meeresreservat der Bahamas bald hervorragend, als 1986 dort der Fischfang verboten wurde. Davon profitierte auch das Riff, weil die Papageifische den Seetang abknabberten, der sonst den Korallen Konkurrenz machte. Andererseits erholten sich nach dem Fischereiverbot auch die Bestände der Zackenbarsche wieder, zu deren Leibgerichten Papageifische zählen. Die Rechnung mehr Zackenbarsche bedeutet weniger Papageifische, mehr Tang und damit weniger Platz für Korallen geht aber trotzdem nicht auf. Denn die größten Arten der Papageifische wachsen und gedeihen hervorragend, weil die Zackenbarsche sie einfach nicht erwischen. Da ein großer Fisch aber erheblich mehr Tang frisst als ein kleiner, fällt das Gesamtergebnis eindeutig aus: Während außerhalb des Reservats mit wenig Zackenbarschen und vielen kleineren Papageifischen der Tang rund 75 % der vorhandenen Fläche bedeckte, wuchs dieser Konkurrent der Korallen im Park mit vielen Zackenbarschen und vielen großen Papageifischen nur noch auf wenig mehr als 10 % der Fläche.

Auch eine Form der Symbiose: Vor den Seychellen im Indischen Ozean lässt sich ein Juwelen-Zackenbarsch von einem Putzerfisch pflegen.

Frischer Wind für Unterwasserstädte

Hurrikane renovieren Korallenriffe

Mit Windgeschwindigkeiten von mehr als 300 km/h hat der Zyklon Larry im März 2006 nicht nur Städte im Norden Australiens verwüstet, sondern auch eine Metropole im Meer. Baumeister dort waren allerdings keine Architekten und Ingenieure, sondern kleine, nur ein paar Millimeter lange Polypen aus der Verwandtschaft der Quallen, die Biologen schlicht „Steinkorallen" nennen.

Hochhäuser der Tiefe

Weil Wohnraum auch unter Wasser knapp ist, bauen diese Tierchen ihre Behausung aus Kalk gern übereinander, bis eine Art Hochhaus entsteht. Innen sitzen die Polypen und fangen mit ihren „Miniharpunen", die an langen Tentakeln sitzen, vorbeischwimmende Kleinstlebewesen, das sogenannte Plankton. Mitten in diese Skyline des Great-Barrier-Korallenriffs

Risiko Klimawandel

Lässt der Klimawandel immer häufiger Hurrikane über die gleichen Riffe toben, werden die Erholungsphasen immer kürzer. Dann können die Korallen die Schäden des letzten Sturmes nicht mehr ausgleichen, bevor der nächste Orkan über sie hereinbricht.

vor Australien aber donnerte 2006 der stärkste Zyklon, den Meteorologen dort je gemessen haben.

Genau wie an Land ein Wald Sturmböen bricht, bremst auch ein solches Korallenriff die aufgepeitschten Wellen. Für die Küstenbewohner ist das eine gute Nachricht: Brechen die Wellen eines Zyklons sich vorher an einem Korallenriff, treffen sie mit geringerer Wucht auf die Küste. Diese „Schutzzaunfunktion" erfüllen Korallenriffe nicht nur bei Zyklonen: Auch nach dem Tsunami am 26. Dezember 2004 waren die Küsten Südasiens hinter intakten Korallenriffen deutlich weniger verwüstet als Küsten ohne diesen Schutz.

Zerstörtes Riff

Wird der Sturm aber zu stark, zahlt das Korallenriff einen hohen Preis für diesen Schutz: Genau wie starke Orkanböen so manchen Baum abbrechen oder entwurzeln, reißen die Brecher auch ganze Korallenhochhäuser um. Als im Jahr 2005 der Zyklon Ingrid über das Great-Barrier-Riff in Australien fegte, fanden Taucher nach dem Sturm riesige Korallenschutthalden hinter dem Riff. Auch Larry hat auf einer Breite von 50 km einige Verwüstung angerichtet. Trotzdem hatte das Riff gleich mehrfach Glück. Zum einen ist die

Skyline des Great-Barrier-Riffs rund 2300 km lang und Ingrid hat eine andere Stelle als Larry getroffen. Obendrein zog Larry sehr rasch über das Riff und hat so vermutlich relativ wenig Schaden angerichtet.

Tatsächlich kann ein Zyklon wie Larry für ein Korallenriff sogar geradezu als Jungbrunnen wirken: Abgebrochene Stücke des Riffes werden z. B. von den tosenden Fluten oft nur ein Stück weitergetragen und wachsen ein paar Kilometer entfernt sogar als Grundstock für ein neues Riff einfach weiter. An den frischen Bruchflächen des alten Riffes wiederum siedeln sich die Larven der Korallen hervorragend an und haben endlich reichlich Platz zum Wachsen.

Ein paar Millimeter bis wenige Zentimeter wächst ein Korallenstock so jedes Jahr in die Höhe und kann damit mit einem normalen Anstieg des Meeresspiegels z. B. am Ende der Eiszeit durchaus Schritt halten. Bestimmte Geweihkorallen schaffen sogar 20 cm im Jahr. Nach ein paar Jahren oder wenigen Jahrzehnten sieht das Riff dann wieder aus wie vor dem Hurrikan.

Auf diese Weise haben die Korallenriffe erfolgreich die letzten 480 Mio. Jahre überstanden, in denen sie in den warmen und flachen Meeren der Erde wachsen.

Umwelteinflüsse wie die globale Erwärmung bedrohen die Existenz von Korallenriffen. Im Bild ein abgestorbenes Riff. Die zerstörten Korallen sind von einer Sandschicht bedeckt und zerfallen. Die Tierwelt hat das Korallenriff vollständig verlassen.

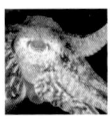

Maskenball im Ozean

Tintenfische verändern ihr Aussehen

Tintenfische und Kraken scheinen ein Faible für Verkleidungen zu haben. Jedenfalls verpassen sie ihrem Körper je nach Situation immer wieder ein neues Aussehen. Manche Arten sind z. B. bekannt für ihre rasanten Farbwechsel. Rascher als ein Chamäleon können sie das Muster ihrer Haut dem Untergrund anpassen und sich so für ihre Feinde unsichtbar machen. Oder sie imitieren zur Abschreckung das Design von Gifttieren. Einige Arten haben offenbar sogar eine Art Farbsprache, in der sie mit Artgenossen kommunizieren.

Wechselnde Farben

Das Geheimnis der raschen Farbwechsel liegt in der Haut der Tiere. Dort finden sich kleine Säckchen mit Pigmenten, an denen Muskelfasern befestigt sind. Wenn sich die Muskeln zusammenziehen, dehnen sich die Säckchen aus, die entsprechende Hautpartie erscheint farbig. Entspannen sich die Muskeln dagegen, schrumpfen die Säckchen und die Farbe verschwindet.

Manche Tintenfische belassen es allerdings nicht bei solchen einfachen Farbwechseln, sondern starten gleich groß angelegte Täuschungsmanöver. Die Männchen der Australischen Riesensepien z. B. „verkleiden" sich als

Weibchen, um beim Sex besser zum Zug zu kommen. Diese Tintenfische versammeln sich zur Paarung in großen Gruppen. Da die Tintenfischweibchen ihre sexuellen Aktivitäten nicht auf einen Partner beschränken, sind die Männchen ängstlich darauf bedacht, ihre eigene Vaterschaft zu sichern. Also lassen sie möglichst keinen Rivalen in die Nähe ihrer Partnerinnen. Kleinere und schwächere Männchen auf Brautschau haben daher schlechte Chancen.

Tierische Verkleidungskünstler

Um trotzdem zum Ziel zu gelangen, greifen die benachteiligten Romeos zu verschiedenen Tricks. So passen sie bei ihrer Werbung einen Moment ab, in dem der Bewacher gerade mit dem Bekämpfen anderer Rivalen beschäftigt ist oder sie locken die Weibchen zu einem heimlichen Rendezvous in ein Felsenversteck. Ihre raffinierteste Strategie aber ist die Verkleidung: Plötzlich verstecken die Tiere ihr viertes Armpaar, das bei Männchen besonders lang und auffallend weiß ist. Ihre Haut nimmt die typische gesprenkelte Färbung der Weibchen an, ihr Körper die Haltung eines Weibchens bei der Eiablage. So getarnt versuchen sie, sich an dem eifersüchtigen Bewacher vorbeizustehlen. In einer Viertelstunde können

die Tiere ihr Weibchenkostüm zehn Mal an- und wieder ablegen.

In einer Verhaltensstudie haben Wissenschaftler untersucht, ob diese Strategie auch zum Erfolg führt. Demnach scheint sich das Täuschungsmanöver durchaus zu lohnen. Bei fast der Hälfte aller Annäherungsversuche kamen die getarnten Männchen tatsächlich in die Nähe der Weibchen, drei erfolgreiche Kopulationen haben die Forscher beobachtet. Und in zwei Fällen fand sich danach das Erbgut des verkleideten Männchens in den Eiern.

<hr>

Getarnte Räuber

Neben Tintenfischen setzen auch andere Meeresbewohner auf Verkleidungen, um ihre Ziele zu erreichen. Eine solche Strategie, die Biologen „Mimikry" nennen, haben Wissenschaftler z. B. bei einem Fisch namens „Blaugestreifter Blenny" (Plagiotremus rhinorhynchos) beobachtet. Um sich an seine Beute heranzupirschen, tarnt sich dieser Korallenriffbewohner zeitweise als harmloser Putzerfisch. Sind aber keine echten Putzerfische in der Nähe, gibt er die Maskerade wieder auf. In seinen „Alltagsfarben" getarnt lauert er dann in Schwärmen verschiedener kleiner Rifffische.

Ähnlich wie Chamäleons können Tintenfische ihr Aussehen ihrer aktuellen Stimmung bzw. Umgebung anpassen. Dieses in einem Korallenriff versteckte Exemplar ist nur aufgrund des Fotoblitzes gut zu erkennen.

Männliche Mütter
Seepferdchen haben die Rollen getauscht

Ihre Verwandtschaftsverhältnisse lassen sich nicht auf den ersten Blick erraten. Mit ihrem pferdeartigen Kopf, der aufrechten Haltung und dem geringelten Greifschwanz sehen Seepferdchen aus wie eine ganz eigene Kategorie von Tieren. Man würde nicht unbedingt darauf kommen, dass sie zu den Fischen gehören. Doch nicht nur ihr skurriles Äußeres macht Seepferdchen zu ganz besonderen Meeresbewohnern.

Pferderaupen

Selbst der wissenschaftliche Name der Tiere spielt auf ihre ungewöhnliche Erscheinung an. Ein Kopf wie ein Pferd und ein Schwanz wie ein Wurm – da lag der Gattungsname *Hippocampus* nahe. Denn das heißt soviel wie Pferderaupe. Zu dieser Gattung gehören mindestens 35 verschiedene Arten – von den nur 2 cm großen Zwergseepferdchen bis zu den mehr als 30 cm langen Riesenseepferdchen. Die Palette der Farben reicht von gedämpftem Braun, Beige und Schwarz bis hin zu knalligen Blau-, Rot- und Neontönen.

Die meisten Arten tummeln sich in den Gewässern vor Südaustralien und Neuseeland, doch auch andere tropische und gemäßigte Meere bieten den Tieren gute Lebensbedingungen. Besonders beliebt sind Seegraswiesen, Korallenriffe und Mangrovenwälder. Wenn es dort ein reiches Angebot an fressbaren kleinen Krebsen gibt, ist das Idyll aus Seepferdchensicht perfekt. Sehen können die Tiere übrigens recht gut. Denn genau wie Chamäleons können sie ihre Augen unabhängig voneinander bewegen. So entgeht auch kleine Beute selten ihrem Blick

Treue Väter

Das Ungewöhnlichste an diesen Ausnahmefischen aber ist ihr Verhältnis zum anderen Geschlecht. Seepferdchen sind auf einen einzigen Partner fixiert. Wenn dieser stirbt, dauert es manchmal Wochen, bis sie sich für einen anderen Gefährten entscheiden. Im Leben eines Seepferdchens ist das eine lange Zeit, da die Tiere je nach Art höchstens fünf Jahre alt werden. Um die Beziehung zu stabilisieren, führen die Partner jeden Morgen rituelle Tänze auf und reiben die Köpfe aneinander. Oft schwimmen sie auch mit verschlungenen Schwänzen nebeneinander her. Und irgendwann beginnen sie dann mit einem Paarungstanz, an dessen Ende sie Bauch an Bauch im Wasser schwimmen. Dabei übergibt das Weibchen eine Schnur aus Eiern an seinen Partner.

Und dann wird es erst richtig interessant. Denn bei den Seepferdchen gebären nicht die Weibchen, sondern die Männchen den Nachwuchs. Der werdende Vater verstaut die Eier in seiner Bauchtasche, wo sie befruchtet werden und wo die kleinen Seepferdchen mit allem versorgt werden, was sie zum Wachsen brauchen. Wenn sie schließlich weit genug entwickelt sind, wirft sie der Vater aus ihrem schützenden Unterschlupf hinaus. Die jungen Seepferdchen steigen dann erst mal an die Wasseroberfläche auf, um ihre Schwimmblasen mit Luft zu füllen. Von nun an sind sie auf sich selbst gestellt.

> ### Bedrohte Arten
>
> *Viele Seepferdchen sind vom Aussterben bedroht. Sie leiden unter der Meersverschmutzung, der Zerstörung der Seegraswiesen und der Fischerei. Millionen von Seepferdchen werden jedes Jahr gefangen. Etliche davon kommen in den Aquarien- oder Souvenirhandel, die meisten aber landen in getrockneter Form in Heilmitteln der asiatischen Medizin. Damit der internationale Handel mit den gefährdeten Tieren kontrolliert werden kann, fallen Seepferdchen seit 2004 unter das Washingtoner Artenschutzabkommen.*

Ein Seepferdchenbaby schwimmt in der Nähe eines Elternteils im Sea Life Hannover.

Der Verkehr der Fische

Wie Schwärme Kollisionen vermeiden

Völlig synchron ziehen Tausende von silbrig glänzenden Körpern durchs Wasser, keiner schert aus, keiner drängelt oder trödelt. Selbst als der gesamte Fischschwarm plötzlich die Richtung wechselt, gibt es keine Unordnung, keine Kollisionen. Fische scheinen ihre Bewegungen deutlich besser aufeinander abstimmen zu können, als Autofahrer in dichtem Berufsverkehr. Und sie scheinen wie von Geisterhand gesteuert zum Ziel zu finden. Erst heute kommen Wissenschaftler den Geheimnissen der Schwärme allmählich auf die Spur.

Einfache Verkehrsregeln

Ein paar einfache Vorgaben scheinen zu genügen, um eine solche Massenansammlung von Meeresbewohnern zu steuern. Das zeigen Berechnungen mit einem Computermodell,

Der Schutz in der Menge

Das Leben im Schwarm hat für Fische einen großen Vorteil. Wenn Räuber angreifen, können sie sich nur auf eine begrenzte Zahl von Opfern konzentrieren. Je größer die Gruppe also ist, umso größer ist auch die Wahrscheinlichkeit, dass man selbst ungeschoren davon kommt und das Verhängnis einen anderen ereilt.

das Wissenschaftler entwickelt haben. Damit der Schwarm funktioniert, muss jeder Fisch darin nur drei Regeln befolgen: „Bleib bei der Gruppe, vermeide Kollisionen und schwimm in die gleiche Richtung wie die Artgenossen in Deiner Nähe!" Ohne weitere Vorgaben löst das Verhalten der einzelnen Fische dann komplexe Bewegungsmuster aus, die den ganzen Schwarm erfassen. Das Individuum braucht beispielsweise keine Anweisung, die vorschreibt: „Schwimm im Kreis!" Dieses Muster entwickelt sich spontan.

Doch verhalten sich auch echte Schwärme so, wie es der Computer vorhersagt? Um das zu testen, haben Verhaltensforscher ein Schwarmexperiment mit Menschen durchgeführt. 300 Freiwillige wurden in eine Messehalle in Köln eingeladen und erhielten für die Dauer des Versuchs Redeverbot. Jeder Teilnehmer bekam einen Zettel mit zwei Anweisungen: „Bleib immer in Bewegung und halte eine Armlänge Abstand zu den anderen!"

Schwärmende Menschen

Zunächst liefen daraufhin alle Schwärmer ungeordnet durcheinander. Doch nach kurzer Zeit formierte sich die Menge ohne zusätzliche Anweisung zu einem rotierenden Ring. Dieser entsteht offenbar, weil die Leute hin-

tereinander her laufen, um anderen nicht ausweichen zu müssen. Genau diese Form haben Wissenschaftler auch schon bei frei lebenden Fischschwärmen beobachtet.

Und auch ein anderes Phänomen aus dem Ozean ließ sich mit den Kölner Versuchsteilnehmern nachvollziehen. In einem zweiten Experiment tauchte ein „Jäger" auf, zu dem alle Schwarmmitglieder mindestens zwei Armlängen Abstand halten sollten. Prompt verhielt sich die Menschengruppe genau so wie ein von Raubfischen angegriffener Sardinenschwarm: Sie teilte sich vor dem „Feind" und floss hinter ihm wieder zusammen.

Was aber, wenn der Schwarm nicht nur nahenden Feinden ausweichen, sondern z. B. eine bestimmte Futterstelle erreichen will? Um diese Situation zu simulieren, haben die Forscher zunächst nur fünf von 200 Teilnehmern ein Ziel in der Messehalle vorgegeben. Diese wenigen Eingeweihten steuerten zwar verabredungsgemäß in die angegebene Richtung, fanden sich am Ziel allerdings allein wieder. Erst wenn mindestens 5 % aller Mitglieder informiert waren, konnten sie auch den gesamten Schwarm dorthin steuern. Diesen Anteil von notwendigen „Lenkern" hatte das Computermodell der Forscher auch für Fischschwärme vorhergesagt.

*Beinahe synchron bewegen sich diese Gelbflossen-
Barben im Schwarm vor Hawaii.*

Fernreisender mit spitzen Zähnen

Der Weiße Hai

Er gilt als eine Art Menschenfresser vom Dienst. Um kaum ein anderes Tier ranken sich so viele blutrünstige Legenden wie um den Weißen Hai. Harte Fakten über den großen Meeresräuber aber sind relativ dünn gesät. Denn Weiße Haie sind sehr aktive Tiere, die schwierig zu verfolgen sind. Erst seit Wissenschaftler ihnen kleine Messgeräte auf den Rücken kleben, gewinnen sie Einblicke in das Leben der berüchtigten Raubfische.

11 000 Kilometer unterwegs

Vor der Küste Südafrikas wurde im November 2003 ein etwa 3,8 m langes Haiweibchen mit einem solchen Messgerät ausgerüstet. Der elektronische Helfer erfasste in regelmäßigen Abständen die Position des Tieres, seine Tauchtiefe und die Wassertemperatur. Nach einer Reihe von Monaten fiel das Gerät vom Hai ab und sendete seine gesamten Daten via Satellit auf die Computer der Forscher. So konnten diese den Kurs, den der Fisch absolviert hatte, verfolgen – und erlebten eine faustdicke Überraschung. Zunächst schwamm das Tier einen unspektakulären Halbkreis vor der Spitze Südafrikas. Doch dann brach es zu fernen Ufern auf und steuerte auf erstaunlich direktem Weg die australische Westküste an. Niemand weiß genau, wie der Hai sich auf dieser mehr als 11 000 km langen Reise orientiert hat. Schließlich gibt es unterwegs abgesehen von ein paar flachen Erhebungen am Meeresboden kaum eine Landmarke, die er sich hätte merken können. Eine weithin akzeptierte Theorie besagt, dass Haie das Magnetfeld der Erde wahrnehmen und mit dessen Hilfe navigieren. Doch angesichts ihrer Ergebnisse vermuten die Forscher nun, dass den Tieren zusätzlich auch der Himmel mit seinen Sternen und unterschiedlichen Lichtverhältnissen bei der Orientierung helfen könnte. Denn während das Haiweibchen auf offener See unterwegs war, schwamm es die meiste Zeit nahe an der Oberfläche – möglicherweise, um solche optischen Signale erkennen zu können.

Gefährliche Wanderungen

Jedenfalls fand das Tier von seinem Ausflug nach Australien auch problemlos wieder zurück nach Südafrika, wo es neun Monate nach seinem Start im August 2004 wieder auftauchte. Bis dahin hatte niemand gewusst, dass Haie überhaupt so weite Strecken zurücklegen – geschweige denn, dass Weibchen dazu in der Lage sind. Schließlich galten bei den Raubfischen immer die Männchen als das wanderfreudige Geschlecht. Doch die Forscher vermuten, dass ihre Beobachtungen keine Ausnahme sind. Die weit voneinander entfernten Haibestände vor Südafrika und Australien scheinen über solche schwimmenden Fernreisenden direkt miteinander verbunden zu sein.

Ihre Vorliebe für weite Wanderungen aber macht die bedrohten Meeresräuber noch anfälliger für die Gefahren der Fischerei. Zwar haben einzelne Länder die Tiere in ihren Hoheitsgewässern unter Schutz gestellt. Doch diese Bestimmungen gelten nur auf einem sehr kleinen Teil ihrer Reiserouten.

Bedrohte Räuber

Die Weltnaturschutzunion IUCN führt den Weißen Hai auf der Roten Liste der bedrohten Arten. Denn jedes Jahr werden so viele der Meeresräuber gefangen, dass Experten den Zusammenbruch der Bestände befürchten. Die Gebisse der Tiere sind als Trophäen begehrt, schon für kleinere Exemplare werden 12 000 – 15 000 Euro gezahlt. Zudem sind Haifischflossen eine beliebte Zutat in der asiatischen Küche. Und zahlreiche Weiße Haie landen unbeabsichtigt in Netzen, die eigentlich für andere Fischarten ausgeworfen wurden.

Seinen Namen verdankt der Weiße Hai seinem weiß-
lichen Bauch, der sich stark von der Rückenfarbe
abhebt. Weiße Haie werden 3 – 7 m lang.

Die Wölfe der Meere

Wie Biologen das Leben der Orcas erforschen

Ingrid Visser scheint einen Traumjob zu haben. In rasanter Fahrt jagt ihr Boot über die glitzernden Wellen vor Neuseelands Stränden. Schließlich stoppt sie den Motor, schwingt sich über Bord und taucht in die Tiefe. Wenn sie Glück hat, trifft sie dort unten auf Orcas. Dann schwimmt sie zwischen den riesigen schwarz-weißen Körpern, die ihr zumindest einen Teil ihres Soziallebens vorführen.

Meeresräubern auf der Spur

Die Neuseeländerin ist die einzige Wissenschaftlerin, die sich mit den Orcas des Südpazifiks beschäftigt. Bevor sie 1992 mit ihrer Arbeit begann, wusste man zwar einiges über die auch als „Killerwale" bekannten Tiere in anderen Teilen der Welt. Neuseeland aber war auf der Landkarte der Orcaexperten ein weißer Fleck. Niemand konnte sagen, wie viele Tiere es dort gibt, was sie fressen und wie sie

> ### Die Riesendelfine
> *Orcas sind die größten Delfine der Welt. Ausgewachsene Männchen können bis zu 8 m lang und 9 t schwer werden. Derzeit gilt der* Orcinus orca *als einzige Art der schwarz-weißen Meeresräuber, die weltweit verbreitet ist.*

sich von ihren Artgenossen in anderen Regionen unterscheiden. Ingrid Visser hat es sich zur Aufgabe gemacht, diese Fragen zu beantworten.

Ihre tägliche Arbeit beginnt oft mit einem Anruf. Ein Fischer oder Badegast hat vor irgendeinem neuseeländischen Strand die schwarzen Rückenflossen von Orcas gesichtet. Das klingt für die Meeresbiologin vielversprechend genug, um den Bootswagen hinter das Auto zu hängen und stundenlang bis zur besagten Küste zu fahren. Wenn sie Glück hat, sind die Tiere noch da. Wenn sie noch mehr Glück hat, ist es eine Gruppe von alten Bekannten. Meist bestehen solche Gruppen aus weniger als zehn Tieren, insgesamt sollen rings um Neuseeland etwa 200 Orcas schwimmen. Die meisten davon kennt die Forscherin. Deren Merkmale hat sie in einer Fotokartei festgehalten. Jeder Orca hat einen etwas anders geformten Fleck hinter dem Auge. Manchen Tieren fehlt zudem ein Stück der Rückenflosse, andere haben eine spezielle Flossenform. Da sie bekannte Individuen immer wieder an verschiedenen Stellen trifft, kann die Wissenschaftlerin mit der Zeit ihre Wanderwege rekonstruieren. Inzwischen weiß sie, dass manche Tiere durchschnittlich 170 km pro Tag schwimmen und Orte aufsuchen, die

mehr als 4000 km auseinanderliegen. Ingrid Visser vermutet hinter dieser Wanderlust eine Strategie, um den Jagderfolg zu verbessern. Wenn die Tiere jedes Jagdrevier nur in längeren Abständen aufsuchen, ist die Beute einfach weniger auf der Hut.

Erfolgreiche Jäger

Zwischen den Zähnen der Unterwasserjäger landen Fische, verschiedene Delfinarten und andere Meeressäuger. Da Orcas wie Wölfe im Rudel jagen, wagen sie sich sogar an große Beute wie Buckel- oder Glattwale. Und eines Tages hat Ingrid Visser eine Jagd beobachtet, an die sie zunächst selbst kaum glauben konnte: Mit vereinten Kräften brachte eine Gruppe Orcas einen ausgewachsenen, äußerst kampfeslustigen Hai zur Strecke.

Gegen einen so erfolgreichen Jäger hätte ein Mensch unter Wasser nicht die geringste Chance. Bei ihren ersten Tauchgängen hat Ingrid Visser sicherheitshalber einen neongelben Anzug getragen, um bloß nicht mit einem Beutetier verwechselt zu werden. Doch die Raubtiere reagierten zu ihrer Verblüffung keineswegs aggressiv, sondern kamen einfach neugierig näher. Von einer Attacke eines freilebenden Orcas auf Menschen ist bisher nie etwas bekannt geworden.

Dieses Unterwasserfoto eines Orcas stammt aus einem Meeresnationalpark. Wegen ihrer mächtigen Rückenflosse werden die Tiere auch als Schwertwale bezeichnet.

Jagd in Gruppen

Orcas machen mit vielen Tricks Beute

Orcas sind für viele Meeresbiologen die intelligentesten Lebewesen in den Ozeanen. Kein anderes Tier hat z. B. so vielfältige Jagdmethoden entwickelt wie diese Art.

Schulfach „Jagd auf Stachelrochen"

Jede Orcagruppe scheint sich auf eine bestimmte Beute zu spezialisieren. Vor der argentinischen Halbinsel Valdez, aber auch in antarktischen Gewässern gelingt es ihnen sogar, Seelöwen und auch junge See-Elefanten praktisch vom Strand herunterzuholen. Vor Neuseeland dagegen konzentrieren sie sich auf Haie und Rochen – das hat die Orcaspezialistin Ingrid Visser herausbekommen. Dabei lernen die Jungen die Tricks einer erfolgreichen Jagd von den älteren Tieren in der meist 6–8 Orcas großen Gruppe. Wichtigster Lehrmeister ist die Mutter, die ihre Jungen immer wieder in das seichte Wasser vor den meist flachen Küsten Neuseelands mitnimmt. Dort stöbern die Erwachsenen gern Stachelrochen auf. Ist dieser Verwandte des Hais erst einmal verwundet, überlässt die Mutter ihn bisweilen ihrem Kalb und dieses lernt spielerisch, mit der schwierigen Beute mit dem gefährlichen Stachel umzugehen.

Wal an Land

Es dauert allerdings einige Jahre, bis ein junger Orca die Jagd auf Stachelrochen gelernt hat. Und relativ gefährlich bleibt diese Beute nicht nur wegen des markanten Stachels immer. Die bis zu 7 m langen Schwertwalweibchen erwischen die Rochen nämlich im Normalfall in Wassertiefen zwischen 1 und 5 m. Da die Küsten Neuseelands recht flach sind, finden die Orcas wohl viele Stachelrochen und haben sich deshalb als bisher einzige bekannte Gruppe der Schwertwale auf diese Beute spezialisiert. Allerdings stranden die riesigen Tiere dabei selbst immer wieder im Sand. Jagen sie vor der steil abfallenden Küste Patagoniens Seelöwen in Strandnähe, wälzen sie sich bei einem solchen Unglück einfach wieder ins Wasser. Das gelingt in Neuseeland aber selten, weil das Wasser meist einfach zu flach ist und ein Schwertwal sich an Land praktisch nicht bewegen kann. Wohl aus diesem Grund registriert Neuseeland weltweit die höchsten Strandungsraten von Orcas.

Auch bei der Fischjagd haben Orcas spezielle Methoden entwickelt. So kreisen sie Fischschwärme gern von unten ein und blasen dabei ein Netz von Luftbläschen so dicht um den Schwarm herum, dass kein Tier zu fliehen wagt. Vor Island dagegen schlagen die Orcas oft mit der Fluke mit aller Gewalt mitten in einen Schwarm Heringe. Der plötzlich hochschnellende Wasserdruck betäubt die Fische, die dann nur noch geschluckt werden müssen.

Wellen gegen Robben

„Gemeinsam sind wir stark" – nach diesem Motto erbeuten die auch als Schwertwale bezeichneten Orcas im Teamwork Robben, die für sie eigentlich unerreichbar auf einer Eisscholle im Südpolarmeer liegen. Dort fühlen sich z. B. Krabbenfresserrobben sicher und machen gern ein Nickerchen. Sobald aber eine Orcafamilie diese Beute entdeckt, weil sie die Robbe z. B. beim Sprung auf die Scholle beobachtet hat, ist es mit der Ruhe vorbei. Die Wale schwimmen dann flott auf die Eisscholle zu, erzeugen dabei Wellen und versuchen so, die Eisscholle zu zerbrechen. Klappt das nicht, kommt die nächste Stufe im Teamwork: Drei ausgewachsene Orcas, die bis zu 9 m lang sein können, schwimmen parallel mit hohem Tempo auf die Eisscholle zu und erzeugen so eine hohe Welle, die über das Eis schwappt und die Robbe herunterfegt. Dort aber lauern bereits andere Mitglieder der Orcafamilie auf die Beute.

Schwertwale haben im Bereich der Halbinsel Valdez gelernt, Robben auf dem Land anzugreifen. Sie nehmen in einer tiefen Rinne „Anlauf" und wuchten sich auf den Strand, um dort ihre Beute zu schnappen.

Der Proviant der Antarktis
Krill ernährt das Leben im Südozean

Eines der wichtigsten Lebewesen der antarktischen Meere ist ein unscheinbarer kleiner Krebs. Denn dieser sogenannte Krill bildet dort die Basis aller Nahrungsketten. Säugetiere, Vögel und Fische der Region ernähren sich entweder direkt davon oder stellen anderen Krillfressern nach. Verschiedene Walarten füllen sich den Magen sogar fast ausschließlich mit Krill.

Krebse unter dem Eis

Kein Wunder also, dass Wissenschaftler sich besonders für diesen wertvollen Meeresbewohner interessieren. Britische Forscher haben eigens ein ferngesteuertes Mini-U-Boot 27 km weit unter das Eis der Wedellsee tauchen lassen, um mit akustischen Messgeräten Krillschwärme aufzuspüren. Dabei haben sie festgestellt, dass sich die Krebschen unter dem Eis konzentrieren. In den eisbedeckten Ozeanregionen, die 1–13 km südlich der Eiskante liegen, treibt etwa fünf Mal so viel Krill im Wasser wie weiter im Norden in den eisfreien Meeresbereichen. Offenbar finden die Tiere in den zugefrorenen Regionen in der Nähe der Eiskante besonders viele leckere Algen. Gleichzeitig sind sie dort vor Feinden geschützt, die Luft atmen und nicht unter die Eisdecke tauchen können.

Allerdings birgt die Vorliebe für diese Meeresbereiche auch Risiken für die Zukunft der Krebse. Denn je mehr Eis infolge der Klimaerwärmung schmilzt, desto mehr schrumpft der ideale Krilllebensraum.

Krill auf dem Rückzug

Schon heute ist der Klimawandel in der Antarktis in vollem Gang. Die Temperaturen auf der Antarktischen Halbinsel sind in den letzten 50 Jahren um mehr als 2,5 °C angestiegen. Die Region hat sich damit fünf Mal so schnell erwärmt wie die Erde im Durchschnitt. Im Winter schwimmt daher schon heute deutlich weniger Eis auf dem Südozean als früher. Und tatsächlich scheint auch der Krill bereits auf dem Rückzug zu sein – das zeigt eine Langzeitstudie unter Federführung des British Antarctic Survey in Cambridge.

Für diese Untersuchung haben Antarktisforscher aus neun Ländern ihre Daten in einen Topf geworfen. Dem Team standen damit Informationen aus 40 antarktischen Sommern zwischen 1926 und 2003 zur Verfügung. Die Auswertung ergab, dass die Krillbestände in den südlichen Ozeanen seit den 1970er-Jahren um etwa 80 % geschrumpft sind. Der Schwund der Krebstierchen könnte eine Ursache für den Rückgang verschiedener

Pinguinarten sein. Und auch für Wale und Robben droht das Futter knapp zu werden. Ohne Krill wird das Ökosystem Antarktis nicht funktionieren. Zwar haben andere Bewohner des Südozeans, z. B. die Salpen, von der Erwärmung profitiert. Diese fassförmigen Manteltierchen schweben als Plankton im Südozean und vertragen höhere Temperaturen. Eine fressbare Alternative zum Krill sind die quallenähnlichen Gebilde für viele Tiere allerdings nicht.

Aliens im Krebskörper

Die Szene erinnert an einen Horrorfilm, in dem ein Körper von fremden Mächten übernommen wird: Innerhalb kurzer Zeit höhlen die Eindringlinge ihr Opfer aus und verspeisen sämtliche Organe. Danach platzt die leere Hülle auf und spuckt einen Schwall neuer Parasiten aus. Die unappetitlichen Vorgänge sind jedoch durchaus real. Mexikanische und US-amerikanische Meeresbiologen beschrieben im Jahr 2003 eine bis dahin unbekannte Krankheit, die den Krill dezimiert. Der Erreger ist ein einzelliges Wimperntierchen aus der Gattung Collinia. *Zwischen der Infektion mit diesem Parasiten und dem Tod des Krills vergehen meist nur etwa 40 Stunden.*

Krill bildet riesige Schwärme. Die Krebse werden bis zu 6 cm lang, 2 g schwer und wahrscheinlich bis zu sechs Jahre alt. Krill ist Teil des Zooplanktons.

Der Blauwal als gigantischer Filter
Das größte Tier frisst kleine Krebse

Blauwale sind wohl die gewaltigsten Tiere, die es auf der Erde je gegeben hat. Vor allem die etwas größeren Weibchen bringen es leicht auf mehr als 30 m Länge und 200 t Gewicht. Allein das Herz eines solchen Meeresriesen ist so groß wie ein VW-Käfer und wiegt 1 t. Zum Vergleich: Ein durchschnittlicher Elefant bringt gerade einmal 2 – 5 t auf die Waage.

Gigantischer Hunger

Ein so gigantisches Tier braucht natürlich jede Menge Nahrung. Wissenschaftler schätzen, dass Blauwale jeden Tag 1,5 Mio. Kalorien verbrauchen. Welche Beute aber kann einen solchen Riesenhunger stillen? Die Kolosse der Meere haben darauf eine überraschende Antwort gefunden: Sie ernähren sich von den Krill genannten Kleinkrebsen, die in den kalten Gewässern des Nordatlantiks, des Nordpazifiks und der antarktischen Meere schwimmen. Statt Zähnen haben Blauwale lange, geriffelte Hornplatten im Maul, die von Borsten gesäumt sind. Diese siebähnlichen „Barten" helfen ihnen, ihre Mahlzeiten aus dem Wasser zu filtern. Die Tiere lassen einfach Meerwasser in ihr Maul strömen und pressen es mit ihrer gewaltigen Zunge wieder durch die Barten hinaus. Dabei bleibt der Krill an den Borsten hängen, sodass der schwimmende Feinschmecker ihn nur noch hinunterschlucken muss. Da an einem einzelnen Krebs nicht viel dran ist, braucht der Wal allerdings ungeheure Mengen dieser Leckerbissen. Im Sommer, wenn die Polargewässer vor Krill nur so wimmeln, verschlingt ein einziges Tier jeden Tag etwa 40 Mio. Kleinkrebse mit einem Gesamtgewicht von 3,5 t.

Weite Wanderungen

Allerdings ist der Tisch in den Gewässern der Polarregionen nur im Sommer so reich gedeckt. In dieser Zeit müssen sich die Tiere üppige Fettvorräte anfressen. Denn in den übrigen Monaten bekommen sie kaum etwas in den Magen. Im Herbst verlassen sie die hohen Breiten und schwimmen endlose Kilometer Richtung Äquator. In den Meeren der gemäßigten und subtropischen Regionen werden sie den Winter verbringen und sich paaren.

In diesen warmen, aber nährstoffarmen Gebieten kommen auch die Jungen zur Welt. Schon bei der Geburt bringt es der Blauwal-Nachwuchs auf 7 m Länge und 3 t Gewicht. Und auch sonst verlangt er seiner Mutter einiges ab. In den ersten Lebensmonaten wird so ein Kalb im Durchschnitt jeden Tag 4 cm länger und 90 kg schwerer. Um das zu schaffen, trinkt es jeden Tag bis zu 100 l Milch. Und diese energiereiche Flüssignahrung muss das Weibchen produzieren, ohne selbst fressen zu können. Die Strapaze bleibt dann auch nicht ohne Folgen: Säugende Blauwalmütter verlieren bis zu einem Drittel ihres Körpergewichts.

Nach ein paar Monaten müssen sie die körpereigenen Vorratsspeicher dann dringend wieder auffüllen. Im Frühjahr machen sie sich daher wieder auf den Weg in die Polarregionen, wo die reichen Nahrungsgründe warten. Im polaren Schlaraffenland angekommen, müssen die sechs bis sieben Monate alten Jungwale dann auf die mütterliche Milchration verzichten und ebenfalls auf Krill umsteigen.

> **Die Bartenwale**
>
> *Wie der Blauwal leben auch verschiedene andere Wale von Plankton, das sie aus dem Wasser filtern. Wegen der speziell für diesen Zweck entwickelten Mundwerkzeuge heißen diese Meeresriesen „Bartenwale". Biologen unterscheiden in dieser Tiergruppe 15 verschiedene Arten. Dazu gehören neben dem Blauwal z. B. der Minkwal, der Buckelwal und der Finnwal.*

Die gigantische Schwanzflosse eines abtauchenden
Blauwals. Die auch als Fluke bezeichnete Schwanzflosse ist sehr breit und in der Mitte eingekerbt.

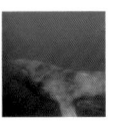

Liebeslieder unter Wasser

Wale und Delfine haben eine eigene Sprache

Es klickt und pfeift, knarrt und stöhnt. Wale und Delfine haben eine ganze Palette von Geräuschen im Repertoire, mit denen sie sich verständigen können. Noch ist die Wissenschaft weit davon entfernt, diese Unterwassersprachen wirklich zu verstehen. Klar ist aber, dass die Tiere auf diese Weise eine ganze Reihe von verschiedenen Botschaften übermitteln.

Gesänge in Basstönen

Finnwale z. B. singen laute Lieder in tiefen Tonlagen. Diese Geräusche im Frequenzbereich zwischen 15 und 30 Hz tragen im Wasser besonders weit. Was die Tiere damit

---

Krach unter Wasser

Im Meer herrscht heutzutage ein ziemlicher Lärm. Schiffe, Militärsonare und seismische Untersuchungen produzieren jede Menge Geräusche im tiefen Frequenzbereich. Diese drohen die Gesänge der Finnwale zu übertönen, sodass Weibchen die rufenden Männchen nur noch über kürzere Distanzen hören können. Damit aber sinkt die Wahrscheinlichkeit, dass sich mögliche Paarungspartner in den Weiten des Ozeans treffen.

---

sagen wollen, war lange unklar. Dann aber haben Biologen im Golf von Kalifornien rufende Finnwale mit Unterwassermikrofonen aufgespürt und das Geschlecht der schwimmenden Sänger bestimmt. Das Ergebnis: Obwohl sich in der Region ungefähr so viele Männchen wie Weibchen aufhielten, stammten die tiefen Gesänge nur von den Männchen. Die Forscher vermuten, dass die Tiere damit potenzielle Geschlechtspartnerinnen anlocken. Zu dieser Theorie passt die Lebensweise der Finnwale, die sich anders als die verwandten Buckelwale nicht in bestimmten Regionen zur Paarung versammeln. Um trotzdem ein Weibchen zu treffen, brauchen die Tiere daher Kommunikationssignale, die in tiefem Wasser weit tragen.

Nachahmung mit Pfiff

Delfine sind zwar weniger talentierte Sänger, dafür haben sie ein ausgefeiltes System von Pfeiflauten entwickelt. Wenn sie z. B. ihre Gruppe aus den Augen verloren haben, stoßen sie aus ihrem Blasloch spezielle Kontaktpfiffe aus. Diese Töne haben so hohe Frequenzen, dass sie für das menschliche Ohr kaum zu hören sind.

Wie sprachgewandt die Meeressäuger sind, scheint allerdings von ihrer Umgebung

abzuhängen. Amerikanische Wissenschaftler haben herausgefunden, dass in Gefangenschaft geborene Delfine oft monotone, langgezogene Pfiffe der gleichen Tonhöhe verwenden. Ihre wildlebenden Verwandten dagegen bevorzugen abwechslungsreichere Triller. Zwar entwickeln auch die Tiere im Delfinarium mit zunehmendem Alter ein breiteres Tonspektrum, doch an die Vielfalt, die ihre Artgenossen im freien Ozean beherrschen, reicht es nicht heran.

Die Erklärung liegt für die Forscher auf der Hand: Junge Delfine entwickeln ihr charakteristisches Pfeifen erst nach und nach. Dabei integrieren sie auch Laute aus ihrer Umgebung. In Gefangenschaft aber sind die Meeressäuger vor allem mit einem Geräusch häufig konfrontiert: Um mit den Tieren zu kommunizieren, benutzen die Betreuer meist eine Hundepfeife. Mit deren schrillen Tönen stimmen die monotonen Pfiffe der Tiere erstaunlich gut überein. Vielleicht haben die jungen Delfine diese Signale nicht rein zufällig in ihre Sprache übernommen, spekulieren die Biologen. Denn für die Meeressäuger sind die Töne der Hundepfeife gleichbedeutend mit: „Es gibt Futter". Wenn sie dieses Signal imitieren, können die Delfine daher relativ leicht die Aufmerksamkeit ihrer Artgenossen wecken.

Das Foto zeigt ein Finnwal-Jungtier neben dem Muttertier. Ihre charakteristischen Gesänge stimmen die Wale unter Wasser an.

Big Brother für Seehunde

Mit moderner Technik untersuchen Biologen das Leben auf hoher See

Seehunde haben bis vor Kurzem eine Art Geheimleben geführt. Solange sie auf einer Sandbank in der Sonne lagen, konnten Wissenschaftler sie zwar gut beobachten. Doch sobald sie ins Meer abtauchten, verlor sich ihre Spur. Biologen von der Universität Kiel haben sich daher mit moderner Technik den Meeressäugern an die Flossen geheftet.

Robben mit Rucksäcken

Seither wissen sie sehr genau, wie schwierig es ist, einen Seehund zu verfolgen. Um ihn mit der nötigen Messtechnik ausrüsten zu können, muss man ihn zunächst einfangen. Dazu sind die Forscher mit einem kleinen Schiff und einem Schnellboot vor die Sandbank Lorenzenplate nördlich der Halbinsel Eiderstedt gefahren. Vorsichtig haben sie zwischen beiden Booten ein 100 m langes Netz gespannt und sind dann rasch auf den Strand zugefahren. Sie hofften, dass einige der aufgeschreckt ins Wasser fliehenden Seehunde hineinschwimmen würden. Wenn sie das tatsächlich taten, zogen die Biologen die Tiere aus dem Wasser, klebten ihnen einen kleinen Rucksack mit Messgeräten auf den Rücken und ließen sie wieder frei.

Das zusätzliche Gepäck behinderte die Robben nicht. Darauf legten die Forscher besonderen Wert. Allerdings liegt der Rucksack fast ständig unter Wasser, was die Qualität der Signale von darin verstauten Sendern beeinträchtigt. Deshalb setzten die Forscher lieber auf einen Fahrtenschreiber, um die Reiserouten der Seehunde aufzuzeichnen. Den Sender packten sie nur dazu, um die Geräte später wiederfinden zu können. Denn nach einer vorprogrammierten Zeit von einigen Wochen löste sich die Messeinheit aus dem Rucksack und wurde mit etwas Glück irgendwo an der Küste angeschwemmt. Der leere Rucksack fiel dann spätestens beim nächsten Fellwechsel ab.

Seehunde auf der Autobahn

Die Daten der wieder eingesammelten Messgeräte lieferten ein dreidimensionales Tagebuch des Seehundlebens: Zahllose Fahrtenschreiberdaten über Körperposition und Tauchtiefe, Schwimmrichtung und Reisegeschwindigkeit. Die Seehunde von der Lorenzenplate starten demnach regelmäßig zu drei- bis zwölftägigen Fresstrips, die sie bis nach Helgoland führen. Dabei tauchen sie steil in die Tiefe und folgen dem Relief des Meeresgrunds – die Schnauze mit den empfindlichen Tasthaaren immer am Boden. Sie schwimmen dabei zielstrebig und mit hoher Geschwindigkeit zu ihren Nahrungsgründen – wie auf einer Autobahn für Seehunde. Erst am Ziel beginnen sie, Kreise zu ziehen und nach Beute zu suchen.

Wie diese Beute genau aussieht, haben die Forscher mit einer raffinierten Technik untersucht. Sie haben den Tieren einen kleinen Sensor an den Oberkiefer und einen Magneten an den Unterkiefer geklebt. Aus Veränderungen des Magnetfeldes berechnete das Gerät den Winkel zwischen beiden Kiefern. Die meisten Tiere aber sperren das Maul immer nur so weit auf, dass die Beute genau hineinpasst. Aus dem Kieferwinkel lässt sich daher auf den Durchmesser des gefangenen Fisches schließen. Die Dauer des Maulaufsperrens verrät die Länge des Beutestücks. Den Ergebnissen zufolge jagen die Tiere wohl nur selten einem Schwarm frei schwimmender Fische nach. Häufiger stöbern sie mit ihren empfindlichen Barthaaren einen einzelnen Bodenfisch vom Grund auf.

> *Petri Heil!*
>
> *Seehunde sind recht erfolgreiche Jäger. Untersuchungen in der Nordsee zeigen, dass sie auf ihren Fresstrips alle paar Minuten einen Fisch verschlingen.*

Ein Seehund liegt im Juni 2005 in der Seehund-
station in Friedrichskoog an der schleswig-holsteinischen Nordseeküste am Strand. In einem Rucksack sind auf seinem Rücken Messgeräte befestigt.
Wissenschaftler der Universität Kiel erforschen mit
den Geräten das Verhalten der schnellen
Schwimmer unter Wasser.

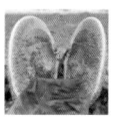

Das Methusalem-Geheimnis
Die Meerestiere der Antarktis verlängern ihr Leben

In der Antarktis sind Wissenschaftler dem Geheimnis des Alterns auf der Spur. Denn in den eisigen Gewässern werden viele Meerestiere deutlich älter als ihre Verwandten in unseren Breiten. Dort wachsen z. B. mehr als 500 Jahre alte Schwämme, auch Muscheln, Asseln und andere Wirbellose erreichen Methusalemstatus. Kein Wunder, dass das Phänomen Wissenschaftler anregt zu erforschen, welche Stoffwechselprozesse hinter dieser Langlebigkeit stecken.

Nur kein Stress!

Die Kälte scheint dabei eine wesentliche Rolle zu spielen. Bei Körpertemperaturen auf dem Niveau des eisigen Südozeans läuft jede chemische Reaktion in den wechselwarmen Tieren nur langsam ab. Der Stoffwechsel arbeitet auf Sparflamme. Kein sonderlich intensives Leben, aber ein weitgehend stressfreies: Gleichmäßige Wassertemperaturen und Salzgehalte stellen die Regulationsmechanismen der Zellen vor keine großen Herausforderungen. Und bei einem so langsamen Stoffwechsel bilden sich weniger gefährliche Nebenprodukte, die entgiftet oder entsorgt werden müssten. Je weniger ein Organismus solchen Stressfaktoren ausgesetzt ist, umso älter kann er werden. In der Kälte entstehen z. B. viel weniger soge-

nannte Sauerstoffradikale. Diese Abfallprodukte des Energiestoffwechsels bilden sich in jeder Zelle, die mithilfe von Sauerstoff Energie gewinnt. Meeresmuscheln z. B. wandeln in ihren „Mitochondrien" genannten Zellkraftwerken normalerweise 1 – 3 % des aufgenommenen Sauerstoffs in Radikale um. Bei hohen Temperaturen nimmt dieser Anteil deutlich zu. Sauerstoffradikale sind extrem aggressiv und reagieren mit allen möglichen Zellkomponenten – von der DNA über Proteine bis zu den Fettbestandteilen der Membranen. Das kann zu Erbgutschäden oder einem Zusammenbruch des Energiestoffwechsels führen. Im Extremfall lösen sich Zellkern und Mitochondrien auf, die Zelle stirbt.

Eine Radikal-Kur

Manche kranken Menschen können zumindest ein wenig von den Tricks der wirbellosen Tiere im eiskalten Südozean profitieren. Wenn nach einem Hirnschlag Teile des Gehirns unter Sauerstoffmangel leiden, bilden die Zellen dort oft besonders viele Sauerstoffradikale. Kühlt man das Gehirn eines solchen Patienten nur um 2 °C ab, richten diese gefährlichen Verbindungen deutlich weniger Schaden an.

Immer mit der Ruhe!

Für Meerestiere kann eine kalte Umgebung hilfreich sein, um den gefährlichen Radikalen zu entkommen. Manche Arten aber kennen noch weitere Methoden, um ihr Leben zu verlängern. Islandmuscheln z. B. vergraben sich regelmäßig für ein paar Tage in den sauerstofffreien Tiefen des Meeresbodens. Dort schalten sie ihren Stoffwechsel auf Sparflamme, ihr Herz schlägt nur noch ein Zehntel so häufig wie normalerweise. Wenn sie dann wieder auftauchen, fahren die Mitochondrien ihre Aktivität wieder hoch und produzieren damit auch wieder mehr Sauerstoffradikale. Gleichzeitig aber schalten die Muscheln spezielle Gene an, um Enzyme zur Bekämpfung der gefährlichen Verbindungen zu bilden. Wahrscheinlich dienen die Schlammbäder unter anderem dazu, diese Stressabwehr anzukurbeln. Mithilfe solcher Tricks werden Islandmuscheln mehr als 200 Jahre alt.

Für höher entwickelte Tiere eignet sich der Ozeanboden allerdings nicht als Jungbrunnen. Denn der Stoffwechsel von Wirbeltieren kommt mit Sauerstoffmangel schlecht zurecht. Statt ihre Aktivitäten zu drosseln, produzieren die Mitochondrien dann unter solchen Umständen sogar besonders viele Sauerstoffradikale.

Umkränzt von Seetang „steht" diese angeschwemm-
te leere Muschel an einer Küste im Südosten
Alaskas. In eisigen Gewässern wie denen Alaskas
werden Meerestiere wie Muscheln und Schwämme
besonders alt.

Eisberge düngen das Meer
Spurenelemente für den Südozean

Seevögel über dem Südozean fliegen gern Eisberge an. Denn diese liefern den Mikroorganismen, Seevögeln und Fischen im Südozean rund um die Antarktis lebensnotwendige Spurenelemente wie Eisen, Mangan, Kupfer und Zink. Genau diese Elemente aber sind auf hoher See und vor allem im Wasser um die Antarktis absolute Mangelware. Wenn aber solche Spurenelemente fehlen, gibt es auch nicht viel Leben. Deshalb ähnelt die Hochsee oft einer Wüste.

Mini-U-Boote im Einsatz

Normale Nährstoffe wie Nitrat, Phosphat und Silikat gibt es im Südozean reichlich, nur Spurenelemente wie Eisen fehlen. Ohne diese Substanzen aber können die „Plankton" genannten Meeresorganismen nicht wachsen, von denen sich Fische, Seevögel und Wale – manche über Zwischenstufen – ernähren.

Als Wissenschafter aber zwei Eisberge auf ihrem Weg von der Weddellsee in der Nähe der Antarktischen Halbinsel in den Südozean verfolgten, entdeckten sie mit verschiedenen Geräten in einem ferngesteuerten U-Boot in unmittelbarer Nähe des Eises sehr viele Mikroorganismen. Entfernte sich das U-Boot langsam vom Eisberg, meldeten die Geräte immer weniger Plankton, bis die Konzentration rund 3700 m vom Eis entfernt auf die im Südozean üblichen sehr niedrigen Werte abgesunken war. In diesem Umkreis um den Eisberg fanden die Forscher auch überdurchschnittlich viel Krill, jene Kleinkrebse, die sich vom Plankton ernähren. Krill wiederum ist das Grundnahrungsmittel vieler Fische, Wale, Robben und Pinguine im Südozean.

Staub aus dem Untergrund

Und noch etwas fiel den Forschern auf: Je näher das Wasser dem Eis war, desto mehr des natürlichen radioaktiven Isotops Radium-224 enthielt es. Radium-224 aber entsteht beim Zerfall von Thorium-228, das kaum im Meer, wohl aber an Land vorkommt. Offensichtlich schleppt so ein Eisberg also Material vom Land ins Meer. Und da in diesem Material auch reichlich lebensnotwendige Spurenelemente wie Eisen und Mangan vorkommen, die im Meer Mangelware sind, blüht in der Umgebung des Eisbergs das Leben regelrecht auf.

Die in der Weddellsee schwimmenden Eisberge kommen meist von den Gletschern der Antarktischen Halbinsel. Tatsächlich fand sich in Eisbergen auch der Staub vulkanischen Gesteins, das von der Antarktischen Halbinsel stammen dürfte. Gibt man diesen Eisbergstaub im Labor in normales Wasser, das weit vom nächsten Eisberg entfernt aus dem Südozean geholt wurde, wächst Plankton dort hervorragend. Ohne diesen Gesteinsstaub dagegen vermehrt sich Plankton im Wasser des Südozeans in diesem Laborversuch nicht.

Ein Eisberg in der Antarktis. Sein Eis enthält zahlreiche Spurenelemente, die aus dem Gestein seines „Herkunftslandes" stammen.

> ### Wüstenstaub der Eiszeit
>
> *Der eisenhaltige Gesteinsstaub in den Eisbergen stammt keineswegs nur aus Gletscherabrieb. Oft blasen auch kräftige Winde aus den Halbwüsten und Wüsten Patagoniens und Australiens Staub bis zum Eis der Antarktis. Bricht dann ein Eisberg ab, trägt er den über lange Zeiträume gesammelten Staub weit auf den Südozean hinaus und liefert den Organismen so die lebenswichtigen Spurenelemente.*
>
> *In den Eiszeiten aber verdunstete weniger Wasser aus den Meeren. Auf dem Festland gab es daher viel weniger Niederschlag und die kräftigen Winde konnten so viel mehr Staub als heute auf das Meer hinaus blasen. Damals lebten in den Ozeanen dann auch deutlich mehr Organismen als heute, weil diese mehr Spurenelemente im Wasser fanden.*

Das Leben im Wasser

Vom Land ins Wasser

Das Wattenmeer der Nordsee

Vor den Deichen, die vor einer Sturmflut schützen und die das Wattenmeer der Nordseeküsten vom Ackerland dahinter abtrennen, liegen buntblühende Wiesen, die weder Meer noch richtiges Festland sind. Bei jedem größeren Hochwasser werden diese Wiesen mit salzigem Wasser überschwemmt.

Salzwiesen

Fressen keine Schafherden diese Salzwiesen kahl, blühen dort Strandaster und Meerstrandwegerich, Meerstrandbeifuß und Portulak-Keilmelde. Eine solche Blütenpracht aber nährt einen ganzen Rattenschwanz anderer Lebewesen: 24 verschiedene Insektenarten leben von der Strandaster. Und von diesen Insekten leben wiederum andere Arten. Die meisten Vögel freuen sich über das dichte Gestrüpp, das dort wächst und sie vor Feinden und auch vor den neugierigen Blicken der Ornithologen schützt. Letztere aber zählten trotzdem die Brutvögel auf diesen Salzwiesen und ermittelten, dass dort, wo keine Schafe weideten, deutlich mehr verschiedene Arten brüten. Aus jedem Nest in einer Salzwiese schlüpfen im Durchschnitt auch mehr Küken, weil die Räuber die Gelege schlechter finden.

Weder Land noch Meer

Ihr erster Ausflug führt die Küken dann vielleicht in einen der extremsten Lebensräume auf diesem Globus: Das Watt vor den Salzgraswiesen trocknet zwei Mal am Tag kräftig aus und steht zwei Mal völlig unter Wasser. Im Sommer heizt die Sonne die ausgetrockneten Salzflächen leicht auf 60 °C auf, im Winter kühlt das Watt auf etliche Frostgrade ab.

Nur wenige Spezialisten kommen mit diesen extremen Bedingungen zurecht, tauchen dann aber mit sehr vielen Individuen auf: 100 000 Wattschnecken und Zehntausende von Schlickkrebsen auf 1 m² sind keine Seltenheit. Kaum ein Fleck im Watt ist nicht von den Kothaufen der Wattwürmer bedeckt. Muscheln stecken tief im feuchten Untergrund und weiden z. B. mit langen „Schnorcheln" Kieselalgen ab. 250 Herzmuscheln auf 1 m² kommen durchaus vor.

Weil die Flut zwei Mal täglich frische Nährstoffe aus den Tiefen der Weltmeere in diesen schlammigen Küstensaum trägt, sind die Organismen im Watt sehr produktiv. Wattwürmer wälzen in jedem Hektar 1200 t Sand im Jahr um. Die Muscheln wiederum gelten als „Kläranlage" des Watts, jede einzelne von ihnen filtert jede Stunde 3 l Wasser und holt sich selbst dabei Nährstoffe aus dem Wasser. Miesmuscheln und Herzmuscheln wälzen innerhalb von einer bis drei Wochen das gesamte Wasser im Watt ein Mal um.

Sonnenaufgang im Watt. Was so idyllisch aussieht, ist einer der extremsten Lebensräume unseres Planeten. Mit dem Wechsel von Ebbe und Flut, frostiger Kälte im Winter und extremer Hitze am Boden im Sommer kommen in der Tier- und Pflanzenwelt nur wenige Spezialisten zurecht.

Europas größte Tankstelle
Rastplatz auf dem Vogelzug

Auch wenn sie einer herkömmlichen Raststätte an der Autobahn nicht im Geringsten ähnelt, so kann man sie doch mit Fug und Recht als die größte „Tankstelle" Europas bezeichnen. Denn die endlos scheinende braune Schlammfläche liefert jedes Jahr etwa 10 Mio. Kunden Kraftstoff für die Weiterreise in ihr Sommer- oder Winterdomizil. Draußen im Dunst scheinen Burgen auf Hügeln im Meer zu thronen. Im Fernglas entpuppen sie sich als Halligen – Schwemmland, auf dem Menschen siedeln. Gurgelnd strömt weit vor diesen Halligen das Wasser in einer schmalen Rinne, einem Priel, in Richtung Nordsee. Muscheln graben sich in den Schlamm und verbergen sich so vor ihren Feinden. „Wattenmeer" heißt diese Landschaft, die sich vom Süden Dänemarks bis nach Holland als Mischung aus Land und Wasser entlang der deutschen Küste zieht.

Überquellendes Leben
Jeder Quadratmeter dieser Schlickregion lässt soviel Leben wachsen wie kaum ein anderes Gebiet der Erde. Die Muscheln und Schnecken, Wattwürmer und Krebse aber sind der Kraftstoff, den Zugvögel aus Nordeuropa und Sibirien für ihre jährliche Tour in ihre südlichen Winterdomizile brauchen. 10–12 Mio. Zugvögel fressen sich auf den 10 000 km² Wattenmeer zwischen Dänemark und Holland jedes Jahr Speck für den Weiterflug an.
Mit rund 210 g Gewicht hebt z. B. ein „Knutt" genannter Vogel in der sibirischen Tundra ab, gerade noch 130 g wiegt das amselgroße Tier, wenn es nach einem 4000 km langen Nonstop-Flug im Wattenmeer zum Landeanflug ansetzt. Derart abgemagert kann der Vogel unmöglich weiter. In drei Wochen schlingt jeder der 700 000 Knutts, die in Eurasien leben und die alle im Wattenmeer Rast machen, jeweils rund 15 000 kleine Muscheln in sich hinein. Danach schwabbelt auf der Brustmuskulatur wieder eine Fettschicht und der Vogel hat seine 210 g Körpergewicht wieder. Behäbig wie ein überladener Jumbojet startet der Knutt zum nächsten 4000-km-Nonstop-Flug nach Mauretanien, wo die Tiere die Wintermonate verbringen.

Raststätte auf der Vogelfluglinie
Ohne eine solche produktive „Tankstelle" Wattenmeer hätten nicht nur der Knutt, sondern auch etliche Enten, Gänse und andere Zugvögel aus Skandinavien und Sibirien wenig Chancen, den Flug in den Süden zu überstehen. Für diesen Rastplatz von rund 10 Mio. arktischen Vögeln trägt Deutschland Verantwortung. Deshalb haben die drei Bundesländer Niedersachsen, Hamburg und Schleswig-Holstein ihr Wattenmeer als Nationalpark mit dem stärksten Naturschutzetikett versehen, das deutsche Gesetze kennen. Bei der Einrichtung dieser Nationalparks machte 1985 Schleswig-Holstein den Anfang, 1986 folgte Niedersachsen und Hamburg zog erst 1990 nach.

> ### Kurven im Nationalpark
> Das Wort „Nationalpark" führt in Deutschland eigentlich in die Irre. Nach internationalen Definitionen verdient nur dann ein Areal diese Bezeichnung, wenn auf drei Vierteln der gesamten Fläche kein Mensch seine Finger im Spiel hat. Im dichtbesiedelten Deutschland aber findet sich eine solche unberührte Fläche ohne Straßen und Häuser kaum – es sei denn an der Küste. Wenn zwei Mal am Tag die Flut das Watt unter Wasser setzt, haben Gebäude schlechte Karten, umso leichter lässt sich dort ein Nationalpark einrichten. Und so sieht die Karte dieses Schutzgebiets reichlich verschnörkelt aus, weil die Grenze des Nationalparks die Siedlungen des Menschen auf den Inseln einfach umkurvt.

In einem Priel suchen graubraune Knutts, die auf ihrem Flug aus der sibirischen Tundra nach Mauretanien im Wattenmeer drei Wochen lang Station machen, nach Nahrung. Auch die schwarz-weißen Austernfischer speisen mit ihren roten Schnäbeln im Watt.

Einblicke in eine fremde Welt

Der Mensch erobert die Tiefsee

„Wir wissen mehr über die Oberfläche des Mondes als über den Grund des Meeres", sagt der britische Naturfilmer Alastair Fothergill. Tatsächlich sind die Tiefen der Ozeane die am wenigsten erforschten Regionen der Erde. Niemand weiß, welche kuriosen Lebewesen sich dort noch immer vor den Augen der Menschheit verbergen.

Ein Tintenfisch aus der Hölle

Dabei versuchen Wissenschaftler seit mehr als 100 Jahren, die Geheimnisse der Tiefsee zu ergründen, schon 1898 unternahm der Zoologe Carl Chun die erste deutsche Tiefsee-Expedition. Mit dem zum Forschungsschiff umgebauten Postfrachter „Valdivia" lief er am 31. Juli 1898 zu einer neunmonatigen Reise aus, die ihn zunächst über den Atlantik und um die Südspitze Afrikas herum bis in den Indischen Ozean und in die Antarktis führte. Dann ging es über Sumatra, Sri Lanka und die Seychellen bis vor die Küste Ostafrikas und schließlich zurück nach Hamburg. Unterwegs warfen die Forscher immer wieder ihre Netze aus und holten zahlreiche bis dahin unbekannte Bewohner der Tiefsee ans Tageslicht. So entdeckten sie einen schwarzen Tintenfisch mit zwischen den Armen aufgespannten Häuten. Durch sein bizarres Äußeres fühlten sich die Forscher an einen Vampir mit Umhang erinnert. Also tauften sie das Tier auf den Namen *Vampyroteuthis infernalis* – „Vampirtintenfisch aus der Hölle".

Reise in die Tiefe

Carl Chun und seine Kollegen hatten allerdings ein Problem: Sie mussten die Tiefseetiere aus dem Wasser ziehen. Denn es gab noch keine technischen Hilfsmittel, mit deren Hilfe man in ihren natürlichen Lebensraum reisen konnte. Zwar hielten Menschen schon seit Jahrtausenden einfach die Luft an, um mit diesem Atemvorrat nach Schwämmen, Korallen oder Perlen zu tauchen. Doch bis in die Tiefsee kommt man so natürlich nicht.

1928 aber begannen die beiden US-Amerikaner Charles William Beebe und Otis Barton an einer stählernen Tauchkugel zu tüfteln. 1930 tauchte diese „Bathysphäre" vor den Bermudainseln erstmals ab. Die hohle Metallkugel mit den dicken Wänden war mit einem Stahlseil mit einem Schiff verbunden, ein Stromkabel sorgte für die Beleuchtung, eine Telefonleitung für die Kommunikation mit der Schiffsbesatzung. So ausgerüstet ließen sich die Forscher mehr als 400 m in die Tiefe hinab. 1934 tauchten sie in der gleichen Region sogar 923 m unter die Meeresoberfläche. Der Mensch begann nun ernsthaft, die Unterwasserwelt zu erobern. U-Boote eröffneten dazu neue Möglichkeiten. 1958 unterquerte der amerikanische Marineoffizier William Anderson mit dem Atom-U-Boot „Nautilus" den Nordpol. Und 1960 stellten der Schweizer Jacques Piccard und der Amerikaner Don Walsh einen lange für unmöglich gehaltenen Rekord auf: Mit dem U-Boot „Trieste" tauchten sie knapp 11 000 m tief in den Marianengraben im westlichen Pazifik hinab.

Tauchende Naturschützer

Je mehr über die Meere bekannt wurde, desto klarer wurde auch, dass der Mensch diese Ökosysteme bedroht. Sowohl der Tiefseepionier Jacques Piccard als auch etliche seiner Taucherkollegen setzten sich daher intensiv für den Schutz der Ozeane und ihrer Tierwelt ein. Auf Kinoleinwänden und Fernsehschirmen warben sie um Unterstützung für die faszinierende Unterwasserwelt. So machte sich der Österreicher Hans Hass z. B. mit Dokumentarfilmen über Haie einen Namen, der Franzose Jacques Yves Cousteau drehte mehr als 100 Filme und entwickelte neben Forschungs-U-Booten auch eine tiefseetaugliche Kamera.

Mit immer besseren Hilfsmitteln wagten sich die Menschen in immer größere Tiefen. Das Foto zeigt einen historischen Taucherhelm, der einen Verkaufs-stand für Schwämme ziert.

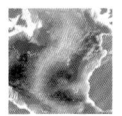

Gebirge unter Wasser
An den Mittelozeanischen Rücken entsteht neuer Ozeanboden

„Was wir machen ist so ähnlich, als würde man ein Hochgebirge bei Nacht mit der Taschenlampe erforschen", schildert Pierre Nehlig seine Arbeit. Für das Geoforschungszentrum im französischen Orléans untersucht der Geologe den Grund der Ozeane. Dazu zwängt er sich zusammen mit einem Navigator und einem Steuermann in ein U-Boot von 2,5 m Durchmesser und taucht hinab in die Tiefsee.

Hexenküche am Meeresgrund

Die „Taschenlampen" sind die Leuchten der Forschungskapsel, die dort unten mit einer Reichweite von vielleicht 30 m ein wenig Licht in die ewige Finsternis bringen. Und die „Hochgebirge" sind die sogenannten Mittelozeanischen Rücken. Diese gigantischen Gebirgszüge, die meist mehr als 1000 m unter der Wasseroberfläche liegen, entstehen durch die unruhige Geologie der Erde. Wie die Kon-

tinente besteht auch der Meeresboden aus riesigen Platten, die auf dem äußeren Teil des Erdmantels schwimmen. Allerdings sind diese Platten nicht alle in die gleiche Richtung unterwegs. Treiben zwei Platten irgendwo im Ozean auseinander, so quillt an dieser Stelle glühend heißes, geschmolzenes Gestein aus dem Erdmantel nach oben.

Solche brodelnden Hexenküchen am Meeresgrund sind keine Seltenheit. Über eine Länge von 60 000 km ziehen sich die auseinanderweichenden Nahtstellen zwischen den Platten durch die Tiefsee. Und daraus quellen jedes Jahr etwa 3 km³ Magma hervor. Zischend kühlt dieses glutflüssige Material im Meerwasser ab und wird so zu festem Gestein. Mancherorts türmen sich daraus im Lauf der Jahrmillionen gewaltige Gebirge am Meeresgrund auf.

Rätselhafte Gebirge

Der weltweit größte dieser Mittelozeanischen Rücken schlängelt sich über etwa 15 000 km s-förmig mitten durch den Atlantik. Er reicht vom Arktischen Ozean bis zur Bouvetinsel, die etwa 2500 km südwestlich vom Kap der Guten Hoffnung liegt. Im Norden driften dort mitten im Atlantik die Eurasische und die Nordamerikanische Platte auseinander. Wer

den Kamm des dadurch entstehenden Gebirges sehen will, muss meist zwischen 1500 und 3000 m tief ins Meer hinabtauchen. An manchen Stellen allerdings durchstoßen die Spitzen der Berge sogar die Wasseroberfläche. Die höchste Erhebung des gesamten Mittelatlantischen Rückens ist der 2351 m über den Meeresspiegel aufragende Vulkan Ponta do Pico auf der Azoreninsel Pico.

Einen anderen Rekord hält der Gakkelrücken, der als nördlichster Ausläufer des Mittelatlantischen Rückens im Nordpolarmeer zwischen Grönland und Sibirien liegt. Das ist die Nahtstelle, an der sich der Ozeanboden weltweit am langsamsten spreizt. Jedes Jahr driften die Platten hier nur um ein paar Millimeter auseinander. Daher hatten Wissenschaftler lange angenommen, dass sich an diesem Rücken wenig geologisch Spannendes tut. Das war allerdings ein Irrtum. Denn nach Erkenntnissen aus dem Jahr 2001 brodelt auch unter dem arktischen Meereis ein gigantischer Hexenkessel, von dem bis dahin niemand etwas geahnt hatte. Die Forscher fanden am dortigen Meeresgrund Vulkankegel und Indizien für heftige Vulkanausbrüche, Messgeräte wiesen Meeresbeben nach. Offenbar hat der Meeresgrund also noch längst nicht alle seine geologischen Geheimnisse preisgegeben.

Geheimnisse der Tiefsee

Inseln aus Bergspitzen
Außer den Azoren ragen auch noch andere Gipfel des Mittelatlantischen Rückens über die Wasseroberfläche empor. Die norwegische Insel Jan Mayen gehört ebenso zu diesem Unterwassergebirge wie Island und St. Helena.

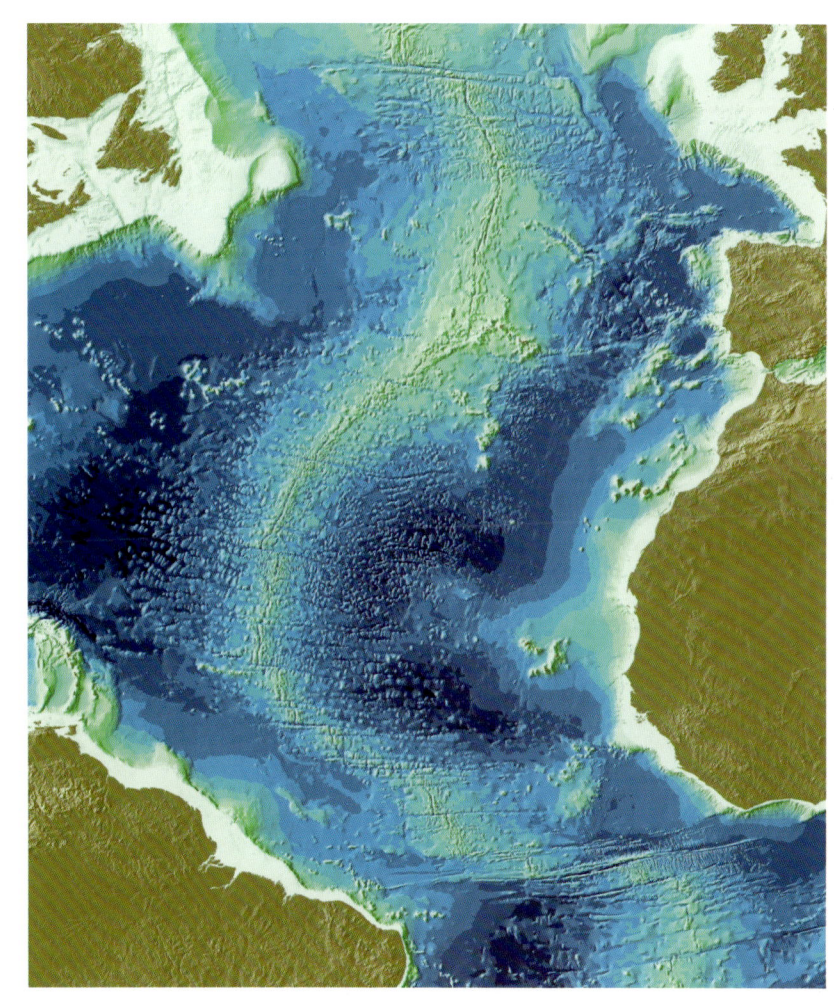

Diese Tiefseekarte aus dem GEBCO Digital Atlas zeigt den Mittelatlantischen Rücken.

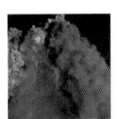

Geheimnisvolle Schlote am Meeresgrund

Heiße Tiefseequellen

Es bebt und brodelt, zischt und gurgelt. Die Erde ist unruhig an den Stellen, an denen die gigantischen Platten des Ozeanbodens auseinanderweichen. Deshalb gibt es entlang dieser sogenannten Mittelozeanischen Rücken zahlreiche heiße Quellen, die Wissenschaftler Hydrothermalquellen nennen.

Schornsteine unter Wasser

Beim Auseinanderdriften der Ozeanplatten bilden sich 1 – 2 km unter dem Meeresgrund Kammern mit etwa 1150 °C heißem Magma. Diese heizen Meerwasser auf, das durch Spalten in den Untergrund sickert. Dabei löst es Kupfer und Eisen, Zink und Blei, Gold und andere Substanzen aus dem Gestein heraus und nimmt aus dem Magma austretende Gase auf. Von der heißen Umgebung aufgeheizt schießt das Wasser wieder zum Meeresboden hinauf und tritt als heiße Quelle aus. Normalerweise würde es wegen seiner hohen Temperatur dann sofort verdampfen. Doch der hohe Druck in der Tiefsee hindert es daran. Aus manchen Quellen sprudelt daher flüssiges Wasser, das mit 350 – 400 °C die Temperatur von geschmolzenem Blei erreicht.

Im nur 2 °C kalten Ozean aber kühlt sich diese höllisch heiße Flüssigkeit rasch ab. Viele der gelösten Bestandteile fallen dabei wieder aus und bilden Erzhügel und „Schornsteine" auf dem Meeresgrund. Diese Kamine können beeindruckende Ausmaße erreichen. Zu den größten bisher bekannten Schloten gehört der nach einem Filmmonster benannte Godzilla, der im Nordostpazifik vor der Küste von Oregon aufragt. Dieser Schornstein bringt es auf 45 m Höhe und 12 m Durchmesser.

Aus diesem und vielen anderen Schornsteinen am Meeresgrund scheint schwarzer Rauch zu quellen. Denn das 350 °C heiße Wasser enthält noch immer gelöste Substanzen wie Schwefelwasserstoff. Und aus diesem bilden sich beim Abkühlen schwarze Metallsulfide. „Black Smokers" (Schwarze Raucher) haben Wissenschaftler diesen Typ von Tiefseequellen daher getauft. Daneben gibt es auch „White Smokers", deren heller gefärbte Rauchfahnen vor allem Verbindungen aus den Elementen Barium, Kalzium und Silizium ins Tiefseewasser katapultieren.

Eine rätselhafte Welt

Die aus der Quelle sprudelnde Lösung ist aber nicht nur heiß, sondern auch sauer wie Essig und extrem aggressiv. Wissenschaftler, die diese bizarre Welt am Meeresboden untersuchen wollen, können daher nur Messgeräte aus extrem widerstandsfähigen Materialien wie dem Metall Titan einsetzen. Und selbst die korrodieren mit der Zeit. Kein Wunder also, dass die Schlote in der Tiefsee noch längst nicht alle ihre Geheimnisse preisgegeben haben.

Die ersten Schwarzen Raucher wurden erst 1977 entdeckt. US-amerikanische Wissenschaftler an Bord des Forschungs-U-Bootes „Alvin" stießen damals auf ein Feld von heißen Quellen vor den Galapagosinseln. Seither haben sich etliche internationale Wissenschaftlerteams auf die Reise zu solchen Unterwasserhexenküchen gemacht.

Doch bisher glauben die Forscher gerade einmal 10 – 15 % aller heißen Quellen zu kennen, die entlang der 60 000 km langen Mittelozeanischen Rücken sprudeln.

> ### Die verlorene Stadt
>
> *Im Dezember 2000 entdeckten amerikanische und Schweizer Wissenschaftler am Grund des mittleren Atlantiks ein ungewöhnliches Feld von Tiefseequellen. Dort laufen ganz andere chemische Reaktionen ab als an den schon länger bekannten „Schwarzen Rauchern". „Lost City" (Verlorene Stadt) haben die Forscher die Ansammlung von weißen Kalkschornsteinen genannt, deren Schlote 30–60 m aufragen.*

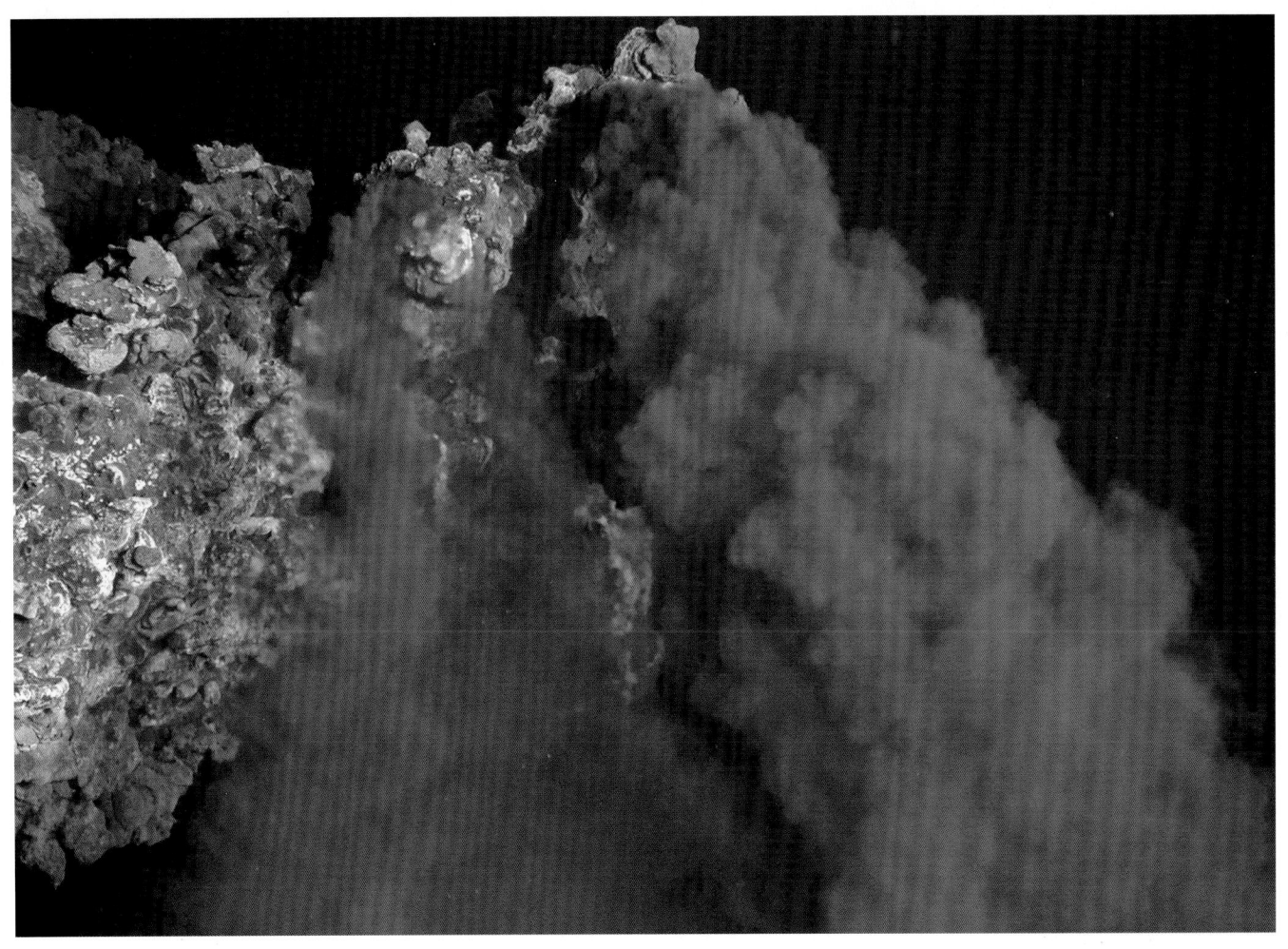

*Das Foto aus dem Jahr 2005 zeigt die Spitze eines
Schwarzen Rauchers vor den Galapagosinseln.*

Lebende Chemiefabriken
Bakterien leben von Chemosynthese

Ohne Sonnenlicht gibt es kein Leben. Denn seine Energie bildet die Grundlage aller Nahrungsketten. Pflanzen und Bakterien fangen die Strahlung ein und gewinnen daraus Energie und Bausteine für ihren Organismus. Und von der so aufgebauten organischen Substanz leben dann alle anderen Bewohner des Planeten. So hatten sich Wissenschaftler das bis in die 1970er-Jahre vorgestellt. Dann aber wurden die ersten heißen Tiefseequellen entdeckt. Und dort gibt es in tiefer Finsternis Lebensgemeinschaften, die nach ganz anderen Regeln funktionieren.

Wenn man Wasserproben aus heißen Tiefseequellen untersucht, fällt oft zunächst der Geruch auf. Aus dem Reagenzglas steigt ein penetranter Gestank nach faulen Eiern. Jeder Chemiker weiß sofort, womit er es zu tun hat: Schwefelwasserstoff. Für die meisten Lebewesen ist das eine extrem giftige Substanz.

Lebensquell Schwefelwasserstoff

Doch die Bewohner der Hydrothermalquellen leben davon. Man hat dort Bakterien gefunden, die aus Schwefelwasserstoff und anderen Schwefelverbindungen organische Substanz herstellen können. Andere Arten können auch Methan verarbeiten. Die Einzeller der Tiefseequellen haben also einen Weg gefunden, ohne Sonnenlicht an Energie und Körperbausteine zu kommen. Sie nutzen einfach die Emissionen, die aus den Schornsteinen der Chemiefabriken am Meeresgrund quellen. „Chemosynthese" nennen Wissenschaftler dies. Von den Einzellern ernährt sich dann der gesamte Rest der Lebensgemeinschaft, die sich um die heißen Quellen angesiedelt hat.

Leben ohne zu fressen

Manche Organismen machen den üblichen Zyklus aus Fressen und Gefressenwerden allerdings nicht mit. So staunten Biologen nicht schlecht, als sie zum ersten Mal Bartwürmer aus der Gattung *Riftia* unter die Lupe nahmen. Diese bizarren Lebewesen, die Körper mit roten Anhängseln aus weißen Wohnröhren strecken, kommen an heißen Tiefseequellen massenweise vor. Sie können bis zu 3 m lang und armdick werden – beeindruckende Dimensionen für einen Wurm. Wie aber halten sie diesen Körper am Leben? Diese Frage war für Biologen eine harte Nuss. Denn die Riesenwürmer besitzen kein Maul und keinen Magen, keinen Darm und keinen After. Fressen können sie also nicht.

Bei genaueren Untersuchungen aber fanden sich in den Tieren Bakterien, die Schwefelwasserstoff verarbeiten. Mehr als die Hälfte des Gewichts der Bartwürmer machen diese kleinen Mitbewohner aus. Die roten Anhängsel von *Riftia* sind Kiemen mit einem speziellen Blutfarbstoff, der Schwefelverbindungen, Kohlendioxid und andere aus den heißen Quellen strömende Verbindungen transportieren kann. Mit dessen Hilfe versorgen die Würmer ihre einzelligen Untermieter mit allem, was diese zum Leben brauchen. Im Gegenzug bekommen sie von den Bakterien Nährstoffe für ihren eigenen Organismus.

Die Mikroskopaufnahme zeigt das Riesenbakterium Thiomargarita namibiensis. Die Bakterien leben im Sediment des Meeresbodens von Schwefelwasserstoff, den sie in Sulfat umwandeln.

Muscheln mit Untermietern

Auch manche Muscheln an den Tiefseequellen haben einzellige Mitbewohner aufgenommen. In ihren Kiemen siedeln Bakterien, die ein Talent für die Chemosynthese haben. Mit den Produkten aus diesen lebenden Chemiefabriken decken die Weichtiere einen großen Teil ihres Energiebedarfs. Allerdings besitzen sie zusätzlich auch die körperliche Ausstattung, um andere Bakterien ganz normal fressen zu können.

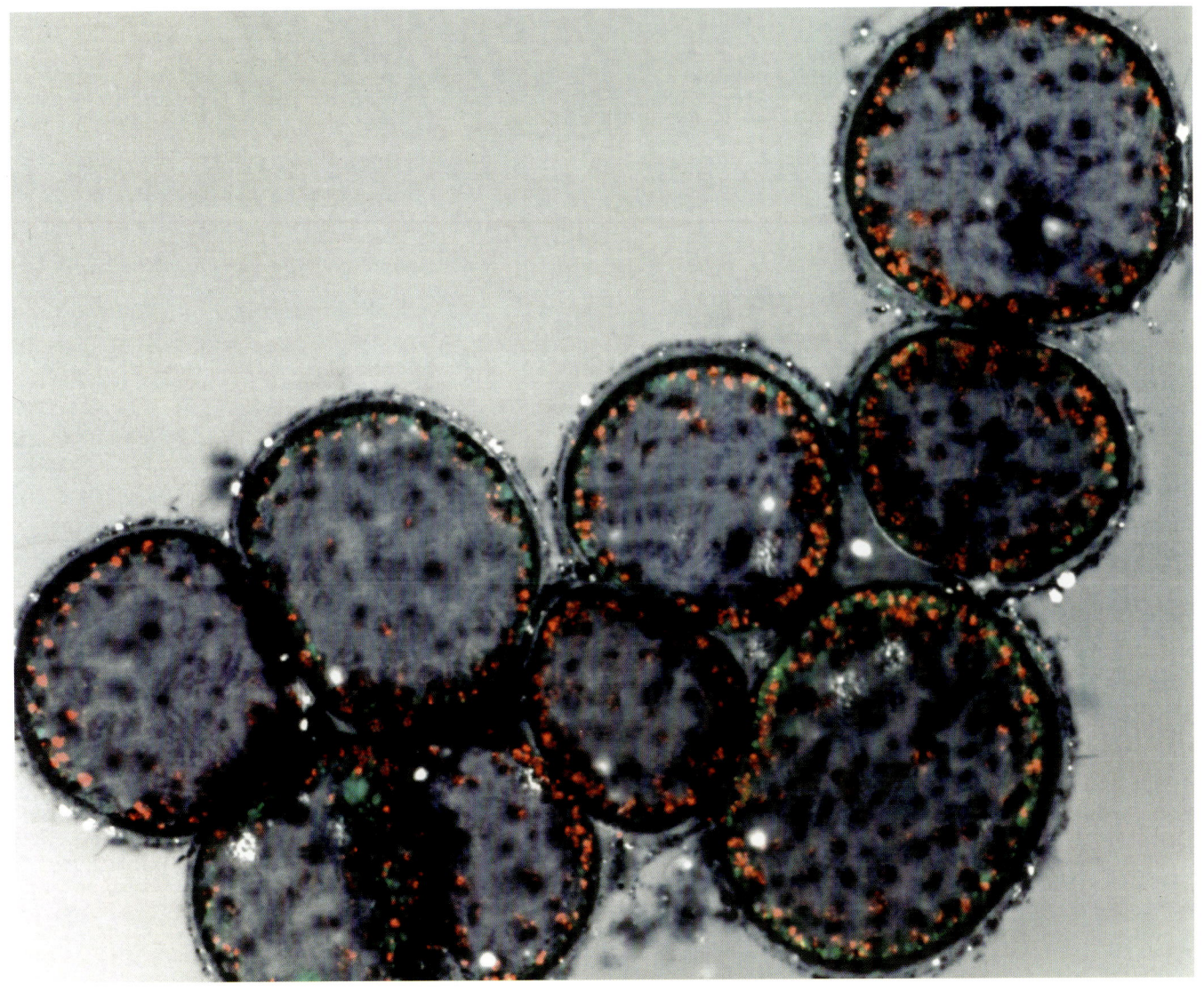

Oasen in der Finsternis

Leben an heißen Tiefseequellen

Eigentlich hatten Wissenschaftler am Grund der Tiefsee ja eine öde Wüste ohne Leben erwartet. Umso größer war ihre Verblüffung, als sie Ende der 1970er-Jahre heiße Tiefseequellen zu Gesicht bekamen. Denn in ihrer Umgebung wimmelte es nur so von Leben.

Hochburgen des Lebens

Dass es dort unten dicke, grau-weiße Bakterienmatten gibt, mag man sich ja noch vorstellen können. Bakterien sind schließlich Überlebenskünstler, die mit allen möglichen widrigen Bedingungen zurechtkommen. Doch im Scheinwerferlicht der Forschungs-U-Boote tauchen keineswegs nur primitive Einzeller auf. Mancherorts drängen sich auf einem einzigen Quadratmeter bis zu 500 Muscheln – und zwar keine der üblichen Tiefseezwerge, sondern bis zu 30 cm große Giganten. Zwischen armdicken Bartwürmern eilen weiße Krabben umher, in gemächlicherem Tempo kriechen Schnecken über den Grund. Und mindestens 20 verschiedene Fischarten unternehmen zumindest gelegentlich einen Abstecher in die finstere Hexenküche am Meeresgrund.

Was ihre Artenvielfalt angeht, können die Oasen der Tiefsee sogar mit dem tropischen Regenwald mithalten. Bis zu 3 Mio. Arten vermuten Experten dort unten, nicht einmal 1 % davon ist bisher bekannt. Bei jeder Expedition werden daher zahlreiche Lebewesen entdeckt, von deren Existenz bis dahin niemand etwas geahnt hatte. Viele dieser Arten beeindrucken mit ihrem bizarren Äußeren und ihren vielfältigen Talenten. Normale Augen z. B. helfen in der ewigen Finsternis nicht weiter. Stattdessen haben manche Garnelen Spezialsensoren entwickelt, mit denen sie Infrarotstrahlung wahrnehmen können.

> ### Unberührte Oasen
>
> *Die heißen Quellen der Tiefsee sind einer der wenigen Lebensräume auf der Erde, die der Mensch bisher kaum beeinflusst hat. Zwar lagern dort unten riesige Erzvorkommen – von Zink über Kupfer bis hin zu Gold. Doch bisher gibt es keine wirtschaftlichen Methoden, um diese Ressourcen auszubeuten. Und falls sich solche Möglichkeiten doch noch ergeben, werden sie nicht unkontrolliert zum Einsatz kommen. Denn zum Schutz des reichen Lebens in den Tiefseeoasen sollen Nutzungskonzessionen nach einem UN-Beschluss nur für solche Schlotfelder vergeben werden, die schon seit mindestens zehn Jahren erloschen sind.*

Überlebenskünstler

Das Hauptproblem für die Quellbewohner aber ist nicht die Dunkelheit, sondern das extrem heiße, ätzende und schwermetallbelastete Wasser. Noch haben Wissenschaftler bei Weitem nicht alle Tricks durchschaut, mit denen die Organismen diesen lebensfeindlichen Bedingungen trotzen. Klar ist, dass einige Bakterien Schwermetalle und andere Gifte in ihren Zellen einlagern. Niemand aber weiß, warum sie dabei keinen Schaden nehmen. Ein weiteres Rätsel ist die Kochfestigkeit der Tiefsee-Extremisten. Manche Arten besitzen Eiweiße, die Temperaturen bis 110 °C vertragen. Der Mensch wirkt da im Vergleich wie ein empfindlicher Schwächling. Schließlich genügt schon ein Fieber über 42 °C, und ein Teil der Proteine in seinem Körper quittiert den Dienst.

Für die Bewohner der Unterwasseroasen dagegen wird es ausgerechnet dann ungemütlich, wenn der heiße und ätzende Nachschub aus der Tiefe versiegt. Nach einigen Tausend Jahren hören die heißen Quellen nämlich von Natur aus auf zu sprudeln. Dann erlischt innerhalb von 2 – 3 Jahren auch jegliches Leben in ihrem Umkreis. Die Tiefseewüste erobert das Terrain zurück, während andernorts neue Oasen entstehen.

*Für den IMAX-Film „Vulkane der Tiefsee" wurden
2003 in 3500 m Tiefe grandiose Bilder der bizarren
Lebenswelt an heißen Tiefseequellen gedreht. Im
Bild eine Kolonie Bartwürmer.*

Licht im Dunkeln
Wie Tiefseetiere Beute anlocken

Pechschwarze Finsternis beherrscht die Tiefen der Meere – meistens jedenfalls. Manchmal aber durchzieht ein blaues, grünliches oder rotes Glühen das Wasser. Denn dort unten lebt eine Reihe von Tieren, die sich ihr eigenes Licht machen. Biolumineszenz nennen Wissenschaftler dieses Talent zum Leuchten. Mit ihren schimmernden Botschaften kommunizieren manche Tiefseetiere mit ihren Artgenossen. Andere aber locken damit ihre Beute ins Verderben.

Gefährliches Rotlicht

So kann ein Ausflug ins Rotlichtmilieu für manchen Tiefseefisch tödlich enden. Denn hinter einem interessanten roten Leuchten in der Finsternis könnte sich eine hungrige Staatsqualle verbergen. Diese Organismen, die mehr als 10 m groß werden können, bestehen aus Hunderten oder sogar Tausenden von einzelnen Polypen. Die Einzeltiere haben sich zu einem Verband zusammengeschlossen und auf verschiedene Aufgaben spezialisiert. Manche sind z. B. fürs Fressen zuständig, andere für die Fortpflanzung oder die Verteidigung. Sie arbeiten also ähnlich zusammen wie die Organe komplexerer Lebewesen. Allerdings sind die glibberigen Kolonien relativ zerbrechlich, sodass Meeresbiologen sie nur selten lebend aus dem Wasser fischen können. Wenn das aber gelingt, warten Staatsquallen mit einigen Überraschungen auf.

2005 z. B. haben Forscher vor der kalifornischen Küste in Tiefen zwischen 1600 und 2300 m gleich drei intakte Exemplare einer bis dahin unbekannten Art gefangen. Die Die frisch gebildeten Tentakeln dieser zur Gattung *Erenna* gehörenden Tiere sandten blaugrünes Licht aus. Das ist nicht ungewöhnlich. Denn die Wellenlängen dieser Farbe durchdringen das Wasser am besten und werden daher von den meisten leuchtenden Tiefseetieren eingesetzt. Die ausgewachsenen Fangarme der neuentdeckten Staatsqualle aber begannen zur Verblüffung der Biologen rot zu leuchten. Dabei hatten Wissenschaftler lange angenommen, dass Tiefseebewohner rotes Licht gar nicht sehen können. Das scheint aber nicht zu stimmen, denn irgendeinem Zweck muss das Leuchten dienen. Des Rätsels Lösung vermuten die Forscher in den Fressvorlieben der Tiere. Anders als andere Staatsquallen ernähren sich die Vertreter der Gattung *Erenna* vor allem von Fisch. Solche Beute aber ist in der Tiefsee relativ selten, es ist also unwahrscheinlich, dass die durchs Wasser treibenden Jäger rein zufällig darauf stoßen. Immerhin zwei der drei gefangenen Exemplare aber waren gerade dabei, einen Fisch zu verdauen. Die Wissenschaftler nehmen an, dass die Staatsquallen ihre Opfer mit dem roten Licht angelockt und dann verspeist haben.

Spot an!

Auch etliche Fische der Tiefsee jagen mit Licht. Drachenfische z. B. besitzen lange, leuchtende Fäden, die von ihrem Maul voll spitzer Zähne herunterhängen. Wie genau die Tiere diese Angeln zum Einsatz bringen, wissen Biologen noch nicht. Klar ist aber, dass sich die Fische nicht nur auf ihr Anglerglück verlassen. Statt nur passiv auf angelockte Opfer zu warten, nehmen sie oft auch direkt die Verfolgung auf. Dazu nutzen sie ein großes leuchtendes Organ hinter den Augen. Wie ein Scheinwerfer durchschneidet dessen Licht das dunkle Wasser und zeigt dem Jäger lohnende Beute.

> ### Die Chemie des Leuchtens
> *Um Licht zu erzeugen, brauchen Tiere ein Enzym namens Luziferase. Dieses Eiweiß wirkt wie ein Katalysator und sorgt dafür, dass Luziferine genannte Verbindungen mit Sauerstoff reagieren. Dieser Prozess findet in speziellen Zellen statt und lässt diese leuchten.*

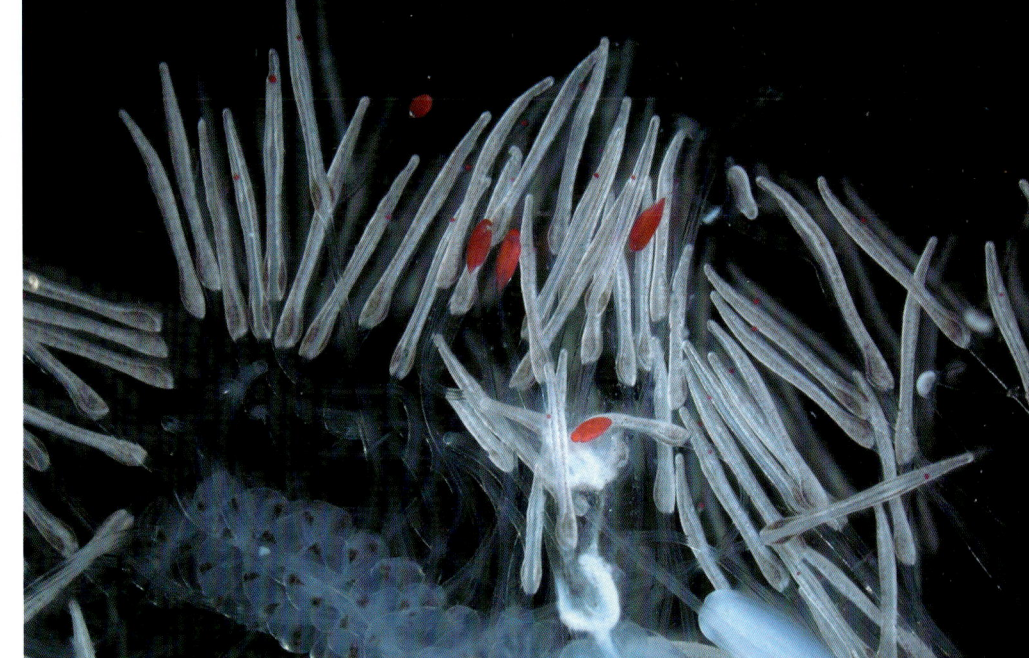

Die in „Science" veröffentlichten Fotos von Steve Haddock vom Monterey Bay Aquarium Research Institute in Kalifornien zeigen die in der Tiefsee vorkommende Staatsqualle Erenna. Auf der Nahaufnahme unten ist das Aussenden roter Lichtimpulse zu sehen. Offenbar lockt Erenna ihre Beute mit fluoreszierendem Rotlicht an und verspeist sie dann.

Monster in der Dunkelheit
Skurrile Tiefseefische

Viele Tiere der Tiefsee sehen aus, als seien sie einem Fantasy-Film entsprungen. Da gibt es durchsichtige Krebse, die an gläserne Kunstwerke erinnern. Geflügelte Schnecken und bunt schillernde Quallen schweben anmutig durchs Wasser, am Boden sitzen dekorative Seesterne und fassförmige Seegurken. Die bizarrsten Gestalten in der dunklen Welt aber sind wohl die Fische.

Schwimmende Gespenster

Die in düsteren Farben gehaltenen Flossenträger beeindrucken mit furchterregenden Gebissen und spitzen Stacheln, mit gepanzerten Köpfen und hervorquellenden Glubschaugen. Jede Art scheint ein eigenes, oft monströs wirkendes Kunstwerk zu sein. Die Gespensterfische z. B. tragen ihren Namen nicht von ungefähr. In ihren Lebensraum zwischen etwa 400 und 2500 m Tiefe herrscht noch ein diffuses Dämmerlicht. Wer Richtung Meeresoberfläche schaut, kann da mit etwas Glück noch die schemenhaften Umrisse von Beutetieren ausmachen. Und genau das versuchen die auch „Hochgucker" genannten Gespensterfische. Sie haben riesige, röhrenförmige Augen, die bei den meisten Arten nach oben gerichtet sind. Mit einem unheimlichen, glasigen Starren scheinen sie ihre Umgebung zu mustern. Und der teilweise durchsichtige Kopf, der so viel Licht wie möglich in die Augen fallen lässt, verleiht ihnen vollends das Aussehen von Geistererscheinungen.

Leuchtende Angeln

Viele Anwärter auf den Titel „bizarrstes Tiefseemonster" finden sich unter den Anglerfischen. Mehr als 100 Arten dieser Tiere haben Biologen inzwischen in den stockdunklen Tiefen der Ozeane entdeckt. Ihren Namen haben diese Fische von einem langen Fortsatz über dem Maul. Am Ende dieser Angel sitzt ein rundlicher Köder, der von leuchtenden Bakterien erhellt wird. Von den Lichtsignalen lassen sich viele Tiefseetiere dazu verführen, neugierig näher zu schwimmen. Das aber ist keine gute Idee. Denn dicht hinter dem schimmernden Köder sitzt ein hungriges Maul. Flinke Jäger sind Anglerfische jedoch nicht. In den lichtlosen Tiefen ist Beute schließlich nicht allzu dicht gesät. Ein richtig aktives Leben, das viel Energie verbraucht, können sich die schwimmenden Räuber daher nicht leisten. Entsprechend langsam und träge bewegen sie sich, Verfolgungsjagden sind da aussichtslos. Also müssen sich die Tiefseeräuber auf ihre lockende Lichtangel verlassen, um ihren Magen zu füllen. Und sie können nicht wählerisch sein. Möglichst jedes unvorsichtige Opfer, das auf die Leuchtsignale hereinfällt, muss auch verschlungen werden. Daher haben viele Anglerfische ein riesiges Maul mit kräftigen, scharfen Zähnen und einen sehr dehnbaren Magen, der auch vor großen Leckerbissen nicht kapituliert.

Männliche Parasiten

Am Körper eines großen Anglerfischs hängen oft ein oder mehrere kleinere Fische. Lange haben Biologen gerätselt, was es mit diesen Parasiten auf sich hat. Bis sie die merkwürdigen Anhängsel schließlich als Anglerfischmännchen identifizierten. Diese sind viel kleiner als die Weibchen, dafür aber deutlich beweglicher. Auf der Suche nach einer Partnerin lassen sie sich von den Lichtsignalen der Angel und von chemischen Signalstoffen leiten.

Haben sie ein Weibchen gefunden, beißen sie sich an seinem Bauch fest und werden vollständig von ihm abhängig. Der weibliche Kreislauf versorgt das Männchen mit, das im Gegenzug sein Sperma zur Verfügung stellt.

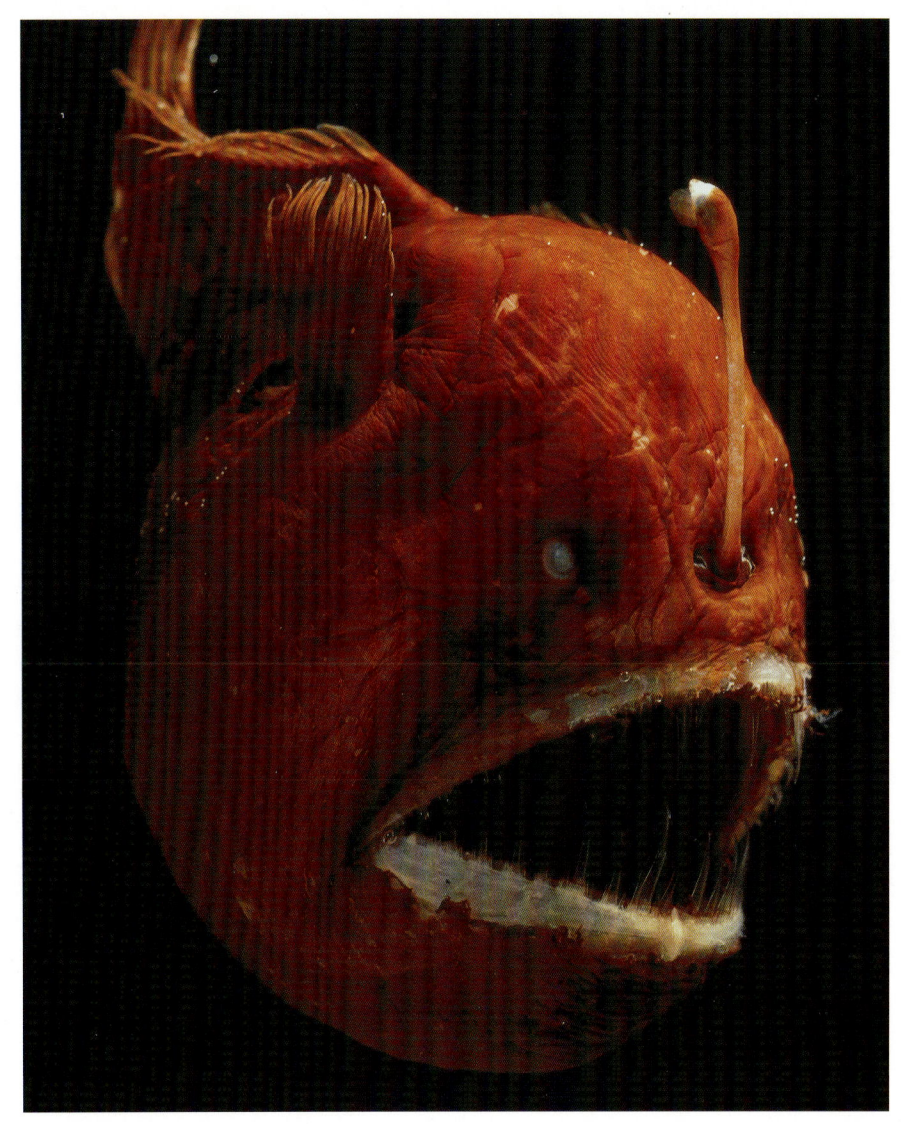

Deutlich ist auf diesem Foto eines Anglerfischs in der Tiefsee der leuchtende Köder am Ende seiner Angel zu sehen.

Giganten ohne Skelett
Riesenkalmare jagen in der Tiefe

Die riesigen Augen zeigen einem Biologen sofort, wo der große Tintenfisch zu Hause sein muss: In große Wassertiefen dringt Sonnenlicht gar nicht mehr oder kaum vor. Dort unten gibt es nur das schwache Licht, das verschiedene Organismen selbst erzeugen. Nur sehr große Augen aber können ausreichende Mengen dieses schwachen Lichtes einfangen, um daraus wichtige Informationen zu ziehen: Wo befindet sich der Sender dieses Lichtes, wie groß ist er, wäre er eine gute Beute oder könnte er einem selbst gefährlich werden? Nur wer sich in großen Tiefen orientieren muss, hat daher so große Augen wie ein Riesenkalmar aus der Familie der Architeuthidae oder gar der Kolosskalmar *Mesonychoteuthis hamiltoni.*

Unbekannte Monster

Wie von den meisten Tieren der Tiefsee aber wissen moderne Meeresbiologen auch von den Riesenkalmaren kaum etwas. Erst als Fischer ihre Netze auch in Tiefen unter 300 m auswarfen, holten sie die ersten Riesenkalmare an Bord. Den Rekord halten wohl neuseeländische Fischer, die vor der Antarktis Seehechte aus dem Wasser holen wollten. Am 22. Februar 2007 aber hatte sich in den Fangleinen ein Kolosskalmar verfangen, der 495 kg wog und 10 m lang war.

Längenangaben aber sind ein Problem bei Tintenfischen, weil diese ja kein festes Skelett haben und die weichen Arme daher ziemlich dehnbar sind. Gerade bei einem toten Tier, das an diesen Armen aus dem Wasser gezogen wird, verlängern sich die Tentakel dann natürlich kräftig. Und da lebende Riesen- oder Kolosskalmare bisher kaum beobachtet wurden, gibt es einfach keine wissenschaftlich überprüfbaren Längenangaben für lebende Riesentintenfische.

Flotte Riesen

Die Riesen unter den Weichtieren könnten sehr schnell unterwegs sein. Der Kolosskalmar hat am hinteren Teil des Mantels jedenfalls zwei riesige Flossen, die das Tier kräftig beschleunigen sollten. 2004 wurde in 900 m Wassertiefe ein pfeilschneller Riesenkalmar beobachtet. Seither gibt es die ersten Aufnahmen lebender Tiefseeungeheuer.

Von den zehn Armen sind zwei erheblich länger als die anderen acht und tragen an den Enden neben den für Tintenfische üblichen Saugnäpfen auch noch kräftige Krallen. Ob diese beim Beutemachen oder zur Abwehr von Feinden genutzt werden, ist unbekannt.

Riesenkraken

Meist meinen Laien Riesenkalmare, wenn sie von Riesenkraken reden. Dabei sieht man den Unterschied sofort: Kalmare haben zehn Arme, Kraken nur acht. Die Größe allein ist allerdings kein Unterscheidungsmerkmal, Riesenkraken können genau wie Riesenkalmare mit ihren Fangarmen viele Meter lang sein. Eine recht gut untersuchte Art der Riesenkraken lebt im Nordwesten des Pazifiks und hat den wissenschaftlichen Namen Enteroctopus dofleini. *Mit Muskelkontraktionen steuern die Tiere die Oberfläche ihrer Haut und darin eingelagerte Pigmentzellen. So können sie ihre Farbe, Musterung und Oberflächenstruktur perfekt an die Umgebung anpassen und anscheinend mit ihr verschmelzen. Riesenkraken gelten als sehr intelligent, in Experimenten haben lebend gefangene Pazifische Riesenkraken selbst schwierige Aufgaben wie das Öffnen eines Glasdeckels gemeistert, um an eine dort schwimmende Beute heranzukommen. Garnelen, Krabben, Muscheln und Fische gehören zu den Leibspeisen der Riesenkraken und werden mit dem harten Schnabel zerquetscht.*

Lange wurden Berichte über Riesenkalmare mit großer Skepsis aufgenommen und als Seemannsgarn verspottet. Heute ist die Existenz von Riesenkalmaren – die Illustration zeigt ein Exemplar im Kampf mit einem Pottwal – bewiesen.

Jagd im Canyon
Die Biologie der Pottwale vor Neuseeland

Weit beugt der Kapitän sich über die Reling seines modernen Katamarans und versenkt an einer langen Aluminiumstange ein Unterwassermikrofon in den Fluten vor der Kleinstadt Kaikoura an der Ostküste der Südinsel Neuseelands. Während die 48 Touristen an Bord schnell noch einen Blick auf die schneebedeckte Bergkette gleich hinter der Küste werfen, lauscht der Kapitän in den Fluten des Pazifiks nach Klicklauten. Sie verraten ihm, wo in der Tiefe einer Unterwasserschlucht gerade

> *Ökoverträgliches Whale Watching*
> *Kameraverschlüsse klacken im Stakkato, ansonsten ist es totenstill auf dem Katamaran. Beinahe in Reichweite der Passagiere schwimmt der Wal neben dem Boot. „Die gekapselten Motoren des Katamarans sind unter Wasser so leise, dass die Pottwale durch das Boot und die Touristen praktisch nicht gestört werden", erklärt der Spezialist für Meeressäugetiere Steve Dawson von der Otago-Universität in Dunedin ein paar Hundert Kilometer südlich von Kaikoura. Aus diesem Grund hat das Whale-Watching-Unternehmen auf der Südinsel Neuseelands auch eine Art Umweltgütesiegel, auf das es auch recht stolz ist.*

Pottwale Beute suchen. Plötzlich zieht er das Mikrofon aus dem Wasser, läuft auf die von Glas umgebene Brücke seines Katamarans und steuert das Schiff rasch ein Stück weiter aufs Meer hinaus. Der Kapitän hat richtig gehört, keine Minute später schießt kurz vor dem Schiff plötzlich eine Art Dampfstrahl ein wenig schräg aus dem Pazifik. So sieht es also aus, wenn ein Pottwal Luft holt.

In der Unterwasserschlucht

Mit diesem „Blas" presst der riesige, graue Wal die in der Tiefe verbrauchte Atemluft aus den Lungen und saugt gleichzeitig jede Menge Frischluft ein. Aus dem glitzernden Wasser taucht nun auch der Rücken des Pottwals als graue, lang gestreckte Masse auf.

Dass gerade vor Kaikoura so viele Pottwale leben, hängt mit den Meeresströmungen zusammen. Vor der Ostküste von Neuseelands Südinsel schießt eine eiskalte Wasserströmung mit sehr vielen Nährstoffen aus der Antarktis am Grunde des Pazifiks in eine 900 m tiefe Unterwasserschlucht und wird dort nach oben gepresst. Diese Strömung ernährt ein reiches Unterwasserleben, zu dem auch die 20 m langen und bis zu 1 t schweren Riesenkalmare der Tiefsee gehören. Die wiederum sind die Leibspeise der Pottwale.

Tauchgang

Daher patrouillieren in der Unterwasserschlucht immer einige Pottwalmännchen, die bis zu 18 m lang werden können. Mit den Riesenkalmaren liefern sie sich gewaltige Kämpfe – das beweisen gigantische Narben der Zehnarmersaugnäpfe auf der Pottwalhaut. Zum Atmen aber müssen Pottwale nach rund einer halben Stunde langsam wieder auftauchen und stoßen beim Ausatmen Wasserdampf viele Meter hoch in die Luft. Einige Sekunden ist Ruhe, dann taucht schwarzglänzend der Walrücken wieder aus den Wellen auf und der nächste Blas schleudert eine Wassersäule in die glasklare Luft vor Neuseelands Küste.

Nach einigen Minuten Luftholen kühlt der Pottwal die rund 2,5 t Öl in seinem riesigen Schädel ein wenig ab, diese erstarren schlagartig zu einem Wachs. Das aber nimmt weniger Raum als das Öl ein, der Kopf schrumpft ein wenig und der Walkörper ist plötzlich schwerer als das Pazifikwasser. Wie ein Bleigewicht zieht es erst den Pottwalkopf und dann den gesamten Körper in die Tiefe. Langsam taucht die gigantische Schwanzfluke des riesigen Tieres aus den Wellen, Sturzbäche rinnen von ihr ins Meer. Dann versinkt auch die Fluke unter Wasser und der Pottwal beginnt eine neue Jagd auf Riesenkalmare.

Mit geöffnetem Maul schwimmt dieser Pottwal in den Tiefen des Meeres. Der riesige Kopf des Wals kann bis zu einem Drittel seiner Gesamtlänge ausmachen.

Nahrhafter Unterwasserregen

Abgestorbene Organismen ernähren die Tiefsee

Lange hielten Forscher die Tiefsee zumindest in größeren Tiefen für öde und bar jeden Lebens. Denn bereits in den meisten Regionen der oberen Wasserschichten der Hochsee gibt es nicht allzu viel Leben, weil wichtige Spurenelemente wie Eisen dort kaum vorkommen.

Blaulicht in der Tiefe

Immerhin fällt in die oberen Wasserschichten noch einiges Sonnenlicht, das „Phytoplankton" genannte winzige Algen und Bakterien nutzen, um mit seiner Hilfe die Bausteine und die Energieträger des Lebens herzustellen. Das klappt in den ersten 200 m Tiefe unter dem Meeresspiegel recht gut, dort gibt es daher relativ viel Leben. Fische, Krebse und Tintenfische ernähren sich in dieser Zone vom Phytoplankton oder von kleineren Tieren.

Unter 200 m beginnt dann die eigentliche Tiefsee. Bis in 1000 m dringt noch ein wenig blaues Licht, das aber nicht mehr genügend Energie liefert, um höhere Pflanzen zu ernähren. Allenfalls geringe Mengen Plankton schwimmen dort, nur wenige Fische und andere höhere Organismen leben in dieser Zone.

Secondhand-Leben

Unter 1000 m ist dann auch der letzte Lichtstrahl verschwunden. Allenfalls ein paar Bakterien und wenige Fische leuchten dort, weil sie in speziellen Organen und Organellen selbst Licht erzeugen, mit dem sie z. B. Beute, aber auch Geschlechtspartner anlocken. Manche Organismen aber kommunizieren mit diesen Leuchtsignalen auch mit ihren Artgenossen oder warnen sie vor Angreifern.

Ohne Sonnenlicht aber gibt es in den meisten Bereichen der Tiefsee nur noch eine Art Secondhand-Leben: Würmer und Muscheln, Schwämme, Seeanemonen und Seegurken leben dort von den Resten der Lebewesen, die aus höheren Wasserschichten nach unten rieseln, sobald dort oben ein Lebewesen das Zeitliche gesegnet hat. Nur ganz oben gibt es genug Licht, um das Leben in Schwung zu halten, im Dunkel der Tiefe dagegen beschränken sich die Organismen auf die Jobs Müllabfuhr und Totengräber.

Was natürlich nicht heißt, dass ein Tiefseeökosystem langweilig wäre. Ganz im Gegenteil: Sinkt der Kadaver eines verendeten Wals in die Tiefe, tauchen wie aus dem Nichts Fische und viele andere Lebewesen auf, die rasch nicht viel mehr als die Knochen übrig lassen, bevor sie wieder in das Dunkel ihres Lebensraums verschwinden.

Die Unterwasseraufnahme zeigt eine rote Seegurke mit ihren verzweigten Tentakeln. Viele Seegurkenarten sind Sedimentfresser und daher auch als „Meeresstaubsauger" bekannt.

Quastenflosser

Alle höheren Organismen in größeren Tiefen sind wahre Energiesparwunder, weil sie wenig Nahrung finden. Normale Energieverbraucher würden dort schlicht verhungern, sie jagen daher nur in den oberen Wasserschichten, die von Leben wimmeln. Quastenflosser dagegen lassen sich bewegungslos mit der Strömung entlang der Steilhänge vor den Komoren im Indischen Ozean in Tiefen zwischen 200 und 500 m langsam treiben, allenfalls leichte Bewegungen der Flossen bugsieren zwei Zentner Fisch in die gewünschte Richtung. Nur wenn sie ein Beutetier entdecken, kommt Leben in den Organismus, um die Beute schnell zu fangen. Im Durchschnitt genügen dem 100 kg schweren Fisch 10 – 20 g Beute am Tag, um gut über die Runden zu kommen. Ein Quastenflosser benötigt also nicht einmal 1 % der Energie, die ein gleich großer Thunfisch verbrennt.

Buntmetalle in der Tiefsee

Wie Manganknollen entstehen

Als die Bundesanstalt für Geowissenschaften und Rohstoffe in Hannover sich im Sommer 2006 für 250 000 US-$ die Schürfrechte auf zwei Flächen im Pazifik sicherte, die mit zusammen 75 000 km² ein wenig größer als das Bundesland Bayern sind, hatte sie weder Gold noch Edelsteine oder gar Erdöl im Auge. Die Geoforscher suchen dort vielmehr einfache Metalle wie Mangan oder Kobalt, die sich in sogenannten Manganknollen befinden.

Regen aus Spurenelementen

Die nach ihrem Tod in die Tiefe rieselnden Überreste kleinerer Organismen liefern den Nachschub für diese Manganknollen. Viele dieser Lebewesen schützen sich nämlich mit einem Kalkpanzer gegen Feinde, der sich in einer bestimmten Wassertiefe aufzulösen beginnt. Dabei werden gleichzeitig alle möglichen Inhaltsstoffe der Organismen frei, zu denen auch Spurenelemente wie Mangan, Eisen oder Kobalt gehören. Diese Substanzen fallen weiter in die Tiefe. Direkt über dem Meeresgrund sorgt eine komplizierte Folge chemischer Reaktionen dann dafür, dass viele in den Schwebeteilchen enthaltene Metalle sich im Wasser lösen.

Lange bleiben diese sogenannten Metallionen aber nicht im Wasser: Sobald sie ausreichend Sauerstoff und eine feste Oberfläche beispielsweise in Form eines zu Boden schwebenden Sandkorns oder auch eines Haizahns finden, scheiden sich die Metalle dort als „Oxide" genannte chemische Verbindungen wieder ab. So entsteht ein kleines Metallkügelchen, an das sich im Lauf der Zeit immer weiteres Metall anhängt, bis eine Art Zwiebel entsteht. Analysiert ein Chemiker diese Knollen, findet er darin ungefähr 3 % Buntmetalle wie Kobalt, Kupfer und Nickel, 8 – 9 % Eisen und 27 % Mangan, der Rest besteht aus Sauerstoff.

Begehrter Rohstoff

Solche nach ihrem Hauptmetall „Manganknollen" genannten bis zu 20 cm großen Gebilde entstehen im Prinzip anscheinend fast überall in den Weltmeeren. Die Menge dieser Knollen aber verändert sich mit den Umweltbedingungen in der jeweiligen Tiefe. Entdeckt wurden die Metallkartoffeln bereits bei der Expedition des britischen Forschungsdampfschiffs „Challenger" von 1872 bis 1876. Aber erst als Rohstoffe an Land knapp wurden, rückten die Schätze der Tiefsee ins Blickfeld der „Schatzsucher".

Mangan gegen den Verkehrstod

Manganknollen der Tiefsee sind heute wegen der enthaltenen Buntmetalle und weniger wegen ihres Mangangehalts von 27 % interessant. Die Situation aber könnte sich rasch ändern, wenn Experimente des Max-Planck-Instituts für Eisenforschung in Düsseldorf bis zur Industriereife vorangetrieben werden können: Anteile in Höhe von 15 % Mangan sowie 3 % der Allerweltselemente Aluminium und Silizium machen Stahl extrem fest. Diese Legierung kann man um die Hälfte dehnen, ohne dass der Stahl zerreißt. Erhöht man den Mangananteil auf 25 %, leidet *zwar die Festigkeit. Jetzt aber lässt der Stahl sich sogar um 90 % in die Länge ziehen, ohne dass erkennbare Schäden auftreten. Genau solche Werkstoffe, die fest und dehnbar zugleich sind, suchen Ingenieure für sogenannte Crash-Elemente. Die sollen sich nämlich verformen und so die Wucht eines Zusammenstoßes abmildern, wenn zwei Züge kollidieren oder ein Auto gegen einen Brückenpfeiler fährt.*

Mangan könnte in Zukunft also Menschenleben bewahren. Solche Aussichten aber haben schon oft genug die Preise für Rohstoffe in die Höhe getrieben.

In 1 Mio. Jahren wachsen Manganknollen ca. 5 mm.
Dieses Exemplar ist demnach mehrere Millionen
Jahre alt.

Europas verborgene Riffe
Korallen in der Tiefsee

Vor der Linse der Kamera tauchen fein verästelte Korallen auf, kunstvolle Gebilde in gelb, weiß und orange. Dazwischen wimmelt es nur so von Leben: Seeanemonen wiegen ihre Fangarme in der Strömung, Seesterne wandern über den Boden, Krebse und Fische suchen nach Nahrung. Die Bilder könnten aus einem der tropischen Tauchparadiese stammen, die jeder zumindest aus dem Fernsehen kennt. Wer aber würde eine solche Unterwasseroase westlich von Irland vermuten, 1000 m unter der Oberfläche des kalten Nordatlantiks? Genau dort aber haben Wissenschaftler mithilfe von Tiefseerobotern zahllose solcher Riffszenen gefilmt.

Verborgene Schätze

Selbst Experten wissen noch nicht lange, dass es diese europäischen Riffe gibt. Zwar hatten Fischer vor Irland oder Norwegen immer mal

Die Überlebenskünstlerin

Die wichtigste Art der europäischen Tiefseeriffe ist eine Steinkoralle namens Lophelia pertusa. *Sie wächst in stark verzweigten, buschartigen Kolonien, deren Äste bis zu 0,5 m lang werden können.*

wieder ein abgebrochenes Korallenstück aus ihren Netzen geklaubt. Große Riffe aber hatte in diesen Meeren niemand vermutet. Erst seit wenigen Jahren nehmen Meeresbiologen die Tiefen des Nordatlantiks mit moderner Untersuchungstechnik unter die Lupe – und entdecken, wie viele Riffe es dort unten tatsächlich gibt. Wie ein Gürtel ziehen sich die großen Kalkgebilde von Nordafrika über Spanien bis nach Spitzbergen. In Jahrtausenden haben die winzigen Korallentierchen oft mehrere Hundert Meter hohe Kalkhügel aufgebaut. Etwa 60 % dieser Strukturen vermuten Biologen in irischen Gewässern.

Ein internationales Forscherteam an Bord des deutschen Forschungsschiffs „Polarstern" hat die irischen Riffe und ihre Bewohner genauer untersucht – ein anspruchsvolles Unterfangen. Denn schon die Frage, wo überhaupt Korallen wachsen, ist in der Tiefsee nur mit einigem Aufwand zu beantworten. Die „Polarstern" hatte zu diesem Zweck den weltweit wohl modernsten unbemannten Tiefseeroboter an Bord. Der 4 t schwere „Victor 6000" lässt sich mit Kameras, Greifinstrumenten und verschiedenen Messgeräten ausrüsten. Mehr als 100 Stunden war der ferngesteuerte Meeresforscher in den Tiefen der irischen Gewässer unterwegs.

Rätselhafter Reichtum

Bald war klar, dass sich die europäischen Riffe bezüglich der Artenvielfalt nicht vor ihren tropischen Pendants zu verstecken brauchen. Rätselhaft blieb allerdings, wie diese Oasen der Tiefsee überhaupt existieren können.

Tropische Korallen wachsen im lichtdurchfluteten Flachwasser. Die kleinen Polypen leben mit Algen zusammen, die wie alle Pflanzen Energie aus Sonnenlicht gewinnen können. Diese Organismen versorgen die Korallentierchen mit Energie. In der ewigen Finsternis der Tiefsee aber kann das nicht funktionieren. Dort müssen die Korallen ihre Ernährung also irgendwie anders organisieren. Dazu könnten sie z. B. nährstoffreiche Gase oder Flüssigkeiten nutzen, die aus dem Meeresboden strömen.

Das Team der „Polarstern" hat vor Irland nach solchen Versorgungsquellen gesucht – ohne Erfolg. Sehr häufig haben die Forscher dagegen ein Phänomen beobachtet, das Experten „marine snow" – Meeresschnee – nennen: Große Mengen von nährstoffreichen Schwebeteilchen rieseln aus den oberen Meeresbereichen in die Tiefe. Wahrscheinlich lösen die Korallen ihr Versorgungsproblem, indem sie diese Partikel aus dem Wasser fischen.

Mithilfe des Tiefseeroboters „Victor" wurden von der „Polarstern" aus die Riffe vor den Küsten Irlands erforscht.

Unter der Regie des Mondes

Ebbe und Flut

Die Meere der Erde erleben ein tägliches Wechselspiel aus Hoch- und Niedrigwasser. Etwas mehr als sechs Stunden lang fällt der Wasserspiegel, es herrscht Ebbe. Dann setzt die Flut ein, das Wasser kommt zurück und steigt in den nächsten gut sechs Stunden immer weiter an. Für Meerestiere und -pflanzen ist dieser Wechsel der Gezeiten eine echte Herausforderung. Schließlich müssen sie an den Küsten im Extremfall stundenlang auf dem Trockenen unter sengender Sonne aushalten, um dann wieder tief im Salzwasser zu versinken. Diese Gegensätze halten nur die besonders flexiblen und gut angepassten unter den Meeresbewohnern aus.

Flutberge und Ebbetäler

Wie aber kommt der Wechsel von Ebbe und Flut überhaupt zustande? Die Hauptregie in diesem Naturschauspiel führt der Mond. Sowohl die Erde als auch ihr ständiger Begleiter ziehen sich mit ihrer Gravitationskraft gegenseitig an. Die Kraft des Mondes verformt den Globus dabei ein wenig. Auf dem Festland fällt das nicht weiter auf, das flexible Wasser der Weltmeere aber gibt dieser Anziehung leicht nach. An der dem Mond zugewandten Seite entsteht durch das Zerren der Gravitationskraft ein „Wasserberg".

An der dem Mond abgewandten Seite dagegen ist die Anziehungskraft des Mondes schwach. Deshalb bewegt sich das Wasser dort vom Mond weg, sodass dort ein zweiter Wasserberg entsteht.

Während sich das Wasser in den beiden Flutbergen auftürmt, wird es von den anderen Seiten der Erdkugel weggezogen. Zwischen den Flutbergen bilden sich daher „Täler" mit niedrigem Wasserstand. Und da die Erde jeden Tag ein Mal um ihre eigene Achse rotiert, dreht sie sich unter den Flutbergen und Ebbetälern weg, sodass jedes Meer einen täglichen Wechsel von Hoch- und Niedrigwasser erlebt. Es dauert 24 Stunden und 50 Minuten, bis ein bestimmter Punkt auf den Meeren des Globus wieder dem Mond zugewandt ist und damit den dortigen Flutberg erreicht hat. Da sich der gleiche Punkt zwischendurch auch noch unter dem zweiten Flutberg durchdreht, dauert der Abstand zwischen zwei Fluten – und damit auch der zwischen zwei Ebbeperioden – genau halb so lange, also 12 Stunden und 25 Minuten.

Spring- und Nipptiden

Bei der Entstehung der Gezeiten spielt aber auch die Sonne eine Rolle. Da dieser Stern deutlich weiter von der Erde entfernt ist, sind

seine Anziehungskräfte zwar geringer als die des Erdtrabanten. Je nach Position von Sonne, Mond und Erde können sie die Gezeiten aber verstärken oder abschwächen. Bei Voll- und bei Neumond stehen Sonne und Mond von der Erde aus betrachtet auf einer Linie, sodass sich ihre Kräfte addieren. Dann gibt es eine „Springtide" mit besonders hoher Flut und besonders niedriger Ebbe. Bei Halbmond dagegen stehen Sonne und Mond im rechten Winkel zueinander, sodass sich ihre Kräfte zum Teil gegenseitig aufheben. Bei solchen „Nipptiden" sind die Unterschiede zwischen Ebbe und Flut besonders gering.

Der Gezeitenweltrekord

Die Lage der Kontinente, die Tiefe der Ozeane und die Form der Küstenlinien haben einen wichtigen Einfluss darauf, wie groß der Unterschied zwischen Ebbe und Flut ausfällt. Während z. B. die Gezeiten im Mittelmeer kaum spürbar sind, liegen in der Nordsee mehrere Meter zwischen Ebbe und Flut. Rekordhalter aber ist die Bay of Fundy an der Ostküste Kanadas. Die Form dieser Bucht verstärkt die Gezeiten, sodass der Wasserstand dort bei einer Springflut 21 m höher liegt als bei Ebbe.

Bei Vollmond – hier über dem Mont Saint-Michel in der Normandie – erreicht die Flut besonders hohe Stände.

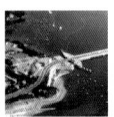

Die Kraft des Tidenhubs
Gezeiten als Energiequelle

Energie war schon immer relativ knapp und teuer. Der Blick der Ingenieure richtet sich daher nicht erst seit Beginn der Diskussion um den Klimawandel auf die Weltmeere, wenn über neue Kraftwerkstypen und -standorte diskutiert wird. Bereits im 11. Jh. nutzten z. B. „Gezeitenmühlen" an den Küsten Frankreichs und Englands die Strömungen, die bei Ebbe und Flut entstehen, um Getreide zu mahlen.

Saint-Malo
Dieses Prinzip griff der französische Staat 1961 wieder auf, als er quer über den Mündungstrichter des Flusses Rance einen

Strömungskraftwerke
Anders als Gezeitenkraftwerke nutzen Strömungskraftwerke nicht den unterschiedlichen Wasserstand zwischen Ebbe und Flut, sondern die bei den Gezeiten entstehenden Strömungen selbst. In Küstennähe werden in diesen Wasserströmen Turbinen mit einigen Meter langen Rotorblättern verankert, die sich ab Strömungsgeschwindigkeiten von 7 km/h recht gemächlich drehen und so einen Generator antreiben. Erste Anlagen mit Leistungen von jeweils 300 kW arbeiten bereits an der englischen Küste.

750 m langen Staudamm errichten ließ. In unmittelbarer Nachbarschaft der historischen Stadt Saint-Malo konnten Touristen in diesem Bereich der Bretagne schon immer den größten Tidenhub Europas bestaunen: 12 m steigt der Wasserspiegel zwischen dem niedrigsten und dem höchsten Wasserstand, bei bestimmten Stellungen von Sonne und Mond können es sogar 16 m sein. Bei Ebbe lassen sich die Inseln vor der Stadt daher bequem zu Fuß erreichen, bei Flut finden dort auch größere Schiffe ausreichend Tiefgang.

Seit der Damm aber den Mündungstrichter der Rance vom Meer abschneidet, drückt die Flut Meereswasser durch 24 Durchlässe in das dahinter liegende Becken mit seiner Oberfläche von 22 km². In jedem Durchlass sitzt eine Turbine, deren Schaufeln von der kräftigen Strömung gedreht werden und die so Strom liefert. Jede Turbine hat eine Leistung von 10 MW, zusammen liefert das Gezeitenkraftwerk von Saint-Malo also mit 240 MW ungefähr ein Drittel der Leistung eines modernen, großen Steinkohlekraftwerks. Bei Ebbe werden die Schaufeln umgestellt, auch das aus dem Mündungstrichter herausfließende Wasser liefert also elektrischen Strom. 600 Mio. kWh fließen von Saint-Malo seit 1966 jedes Jahr ins französische Netz.

Korrosion
Das Gezeitenkraftwerk von Saint-Malo scheint auf den ersten Blick der Prototyp für nachhaltige Energieversorgung zu sein, die nur wenig Klimagase freisetzt. Allerdings haben solche Anlagen auch gravierende Nachteile. So korrodiert Salzwasser die Turbinen relativ rasch, die also in vergleichsweise kurzen Abständen gewartet oder sogar ersetzt werden müssen. Das erhöht nicht nur die Kosten, sondern verhagelt auch die Klimabilanz, weil bei jeder Wartung Energie verbraucht wird, die meist mit der Emission von Kohlendioxid verknüpft ist.

Obendrein blockiert der für ein Gezeitenkraftwerk notwendige Damm den Weg für Organismen, die normalerweise zwischen dem Meer und den Flüssen hin und her wandern. Lachse können also zum Laichen nicht mehr in die Flüsse schwimmen, Aale schaffen den Weg ins Meer nicht mehr, wo sie ihre Eier legen. Unter Naturschützern sind Gezeitenkraftwerke wie in Saint-Malo daher sehr umstritten. Obendrein gibt es weltweit nur rund 100 Buchten mit einem Tidenhub von mehr als 5 m, in denen solche Anlagen gebaut werden könnten. Groß kann der Beitrag von Gezeitenkraftwerken zur Energieversorgung daher nicht werden.

Luftaufnahme des französischen Gezeitenkraftwerks in der Rance-Mündung bei Saint-Malo. Die gewaltigen Gezeitenunterschiede dienen dem Kraftwerk als Energiequelle.

Energie aus warmem Wasser

Kraft aus den Ozeanen

Vor allem in warmen Gebieten der Erde kann man den Temperaturunterschied verschiedener Wasserschichten zur Energiegewinnung nutzen. Das funktioniert aber nur bei Temperaturunterschieden von mehr als 20 C°. Als Standort kommen daher nur tropische und subtropische Regionen mit tiefem Wasser in Küstennähe in Frage.

Alternatives Hawaii

Die ersten dieser Anlagen entstanden bereits 1930 vor der kubanischen Nordküste und in den 1970er-Jahren vor Hawaii. Dort hat das Wasser an der Oberfläche in der meisten Zeit des Jahres mindestens 26 °C, während es in 800 oder 1000 m Wassertiefe gerade noch 6 °C sind. Das warme Wasser der Oberfläche verdampft in solchen Anlagen eine andere Flüssigkeit, z. B. das preisgünstige, aber giftige Ammoniak oder Propan, das jedoch ungünstigere physikalische Eigenschaften hat. Der entstehende Dampf treibt eine Turbine an, die ihrerseits einen Generator dreht und so elektrischen Strom erzeugt. Anschließend strömt der Dampf in einen Kondensator. Dort kühlt aus der Tiefe hochgepumptes Wasser den Dampf so stark ab, dass er wieder flüssig wird und den gleichen Kreislauf erneut durchlaufen kann. Dabei kostet das Hochpumpen des Tiefenwassers weniger Energie, als in der Turbine gewonnen wird. Die Energie für das Verdampfen des Ammoniaks oder Propans wiederum stammt aus dem warmen Oberflächenwasser, das dabei leicht abkühlt. Diese Wärme liefert später die Tropensonne nach, sodass ein solches Kraftwerk praktisch indirekt von der Sonne angetrieben wird und daher nach menschlichen Maßstäben unerschöpflich ist.

Doppelnutzen

Im Gegensatz zu diesem geschlossenen Kreislauf wird im offenen Kreislauf das warme Meerwasser direkt verdampft und mit diesem Wasserdampf eine Turbine angetrieben. Dieses Verdampfen funktioniert nur, wenn gleichzeitig der Luftdruck sehr stark gesenkt wird. Anschließend wird der Dampf in einem Kondensator mithilfe kühlen Tiefenwassers wieder zu Wasser verflüssigt. Da beim Verdampfen das Salz des Meerwassers praktisch vollständig in der Lake zurückbleibt, kann dieses Kondensat obendrein als Süßwasser verwendet werden, wenn das Tiefenwasser nicht direkt, sondern über einen Wärmetauscher kühlt.

Der offene Kreislauf liefert zwar weniger elektrische Energie, weil ja zusätzlich zum Hochpumpen des Tiefenwassers auch noch der Luftdruck gesenkt werden muss. Gleichzeitig aber arbeitet er als Meerwasser-Entsalzungsanlage, die sonst viel Energie verbraucht. Und da Süßwasser an vielen tropischen Küsten bereits heute knapp ist, rentieren sich solche Anlagen für ihre Betreiber durchaus. Z. B. für die Inselstaaten des Pazifiks, der Karibik oder der Küsten im Westen und Osten Afrikas könnten solche Meereswärmekraftwerke also den teuren Import von Erdöl und das Freisetzen von Treibhausgasen vermeiden.

> ### Aquakulturen
>
> *Das für Meereswärmekraftwerke aus der Tiefe an die Oberfläche gepumpte Wasser enthält meist jede Menge Nährstoffe. Daher könnte dieses Wasser nach der Nutzung in einem Kraftwerk „Futter" für Algenfarmen oder das Kultivieren anderer Wasserpflanzen liefern. Diese wiederum könnten zu Biodiesel verarbeitet werden oder andere Meerestiere ernähren, die dann als Nahrung für Fischfarmen dienen könnten.*

Meereswärmekraftwerke können nur entstehen, wo bereits in Küstennähe sehr große Wassertiefen erreicht werden. Vor Hawaii z. B. fällt die Küstenlinie auch unter Wasser ähnlich ab wie auf diesem Foto oberhalb des Meeresspiegels.

Auf und ab macht Strom

Wellenkraftwerke

Über dem Meer überträgt der Wind einen Teil seiner Energie auf das Wasser und bringt es dabei zum Schwingen. Deshalb entstehen an der eigentlich ebenen Wasseroberfläche kleine Hügel und Senken, die der Wind über größere Entfernungen vergrößern kann. Überträgt der Wind wie im Pazifik seine Energie über große, freie Flächen auf das Wasser, entstehen daher besonders hohe Wellen. Allerdings können auch plötzliche Hebungen oder Senkungen des Meeresbodens bei Seebeben Wellen erzeugen.

Wellendrachen

Wenn Wellen durch Kraftübertragung entstehen, liegt die Überlegung natürlich nahe, diese Energie auch für die Zwecke des Menschen und seiner Technik zu nutzen. An dieser Technik arbeiten beispielsweise Wissenschaftler der Technischen Universität München und ihre Kollegen aus verschiedenen europäischen Ländern. Ein erster, 237 t wiegender Prototyp erzeugt bereits seit dem Jahr 2003 in einer Fjordbucht im Norden Dänemarks elektrischen Strom.

Mit diesem „Wave Dragon" genannten Gerät wird nun zunächst einmal nur im Testbetrieb geklärt, ob die Anlage so funktioniert, wie die Ingenieure sich das ausgedacht haben: Zwei leicht gewölbte Wellenreflektoren bündeln die Wellen auf eine 27 m breite Rampe zu, die sie angetrieben von der Wellenenergie hinauffließen. Dahinter läuft das Wasser in ein 55 m³ großes Speicherbecken, das je nach Wellengang 10–90 cm über dem Meeresspiegel liegt. Aus diesem strömt es dann auf Meeresniveau zurück und treibt dabei eine Reihe von Kaplan-Propeller-Turbinen an, die insgesamt 20 kW elektrischen Strom liefern.

Die komplette Stahlkonstruktion schwimmt auf Druckluftkammern und wird mit Tauen automatisch so ausgerichtet, dass die Öffnung immer auf die anlaufenden Wellen zeigt.

Große Drachen

Erweist sich der Betrieb des Prototyps als erfolgreich, sollen Nachfolger dieses kleinen Wellenenergiekraftwerks mit einer 120 m breiten Rampe gebaut werden. 5000 m³ Wasser werden dann beim Fall aus dem bis zu 3 m über dem Meeresspiegel liegenden Speicherbecken 4 MW Energie liefern. Langfristig sollen mehrere Wave Dragons 25 km vor der Küste Wellenenergie einsammeln und ihren Ertrag über ein Kabel zum Festland liefern.

Ein anderer Typ von Wellenkraftwerken wird seit November 2000 vor der schottischen Küste getestet. Dort drücken die Wellen das Wasser in kaminartige Betonröhren. Gleichzeitig wird so die Luft in den Röhren zusammengedrückt, fließt mit relativ hoher Geschwindigkeit oben aus der Röhre heraus und treibt dort eine spezielle Turbine an, die ihrerseits über einen Generator Strom liefert.

Auf den Färöer im Nordatlantik soll ein Wellenkraftwerk nach dem gleichen Prinzip 40 Haushalte mit Strom versorgen. Dort kommen allerdings keine Betonröhren zum Einsatz, sondern werden ähnliche Tunnel in die Klippen an der Küste gebohrt. Bei einer Investitionssumme von ungefähr 10 Mio. Euro sollen zehn Turbinen etwa 1,5 MW durchschnittlicher Leistung bringen.

Das Potenzial

Treffen Wellen auf die Küste, setzen sie dabei an jedem Meter Ufer 15–30 kW frei. In Europa könnten solche Wellenkraftwerke an den Küsten Spaniens, Portugals, Großbritanniens, Irlands und Norwegens entstehen. Zusammen mit Gezeitenkraftwerken könnten sie weltweit 15 % des Strombedarfs decken. Allein Schottland könnte bis zum Jahr 2020 40 % der benötigten Elektrizität mit Wellenkraftwerken gewinnen.

Blick auf den Wellentank im Forschungslabor von Wavegen im schottischen Inverness. Im Wellentank können mit einer durch einen Computer gesteuerten Paddelanlage verschiedene Wellen für Forschungszwecke für das Wellenkraftwerk Limpet auf der schottischen Insel Islay erzeugt werden.

Riesenwellen an Weihnachten

Tsunamis überrollen die Küsten

Am zweiten Weihnachtsfeiertag 2004 erleben Einheimische und Touristen aus aller Welt an den Küsten Südasiens ein gespenstisches und gleichzeitig faszinierendes Schauspiel. Am Vormittag zieht sich an den Küsten Thailands und der indonesischen Insel Sumatra, an der Südostküste Indiens und im Osten Sri Lankas plötzlich das Wasser ins Meer zurück. Kinder springen aufgeregt um die Fische herum, die überrascht auf dem Trockenen zappeln. Pragmatische Einheimische wittern bereits das große Geschäft und wollen die unerwartete Beute einsammeln, während badelustige Touristen verblüfft das an den Horizont verschwundene Meer suchen.

Die dritte Welle

Noch immer ahnt fast niemand die heraufziehende Katastrophe, als sich im Meer so weit das Auge reicht eine weiße Wand aufbaut, die rasch näher kommt. Erst als die riesige Welle tosend auf den Strand rast, macht sich Panik breit. Die erste Woge bleibt recht harmlos, spült nur die Liegestühle vom Strand und nimmt den Abfall mit, der vielerorts noch vom Vorabend an der Küste liegt. Die nächste Welle türmt sich schon höher auf. Und die dritte zerschmettert dann Ferienanlagen und Fischerdörfer entlang der Küste gleichermaßen.

10 m und höher türmen sich die Wellen plötzlich in den Gassen, in wenigen Sekunden laufen die unteren Geschosse der Häuser voll. In Panik schwimmen Menschen aus ihren Häusern, bevor die Wände dem massiven Druck nachgeben und in sich zusammenfallen. Wer Glück hat, den tragen die Fluten landeinwärts, spülen ihn irgendwo wieder an Land. Wer weniger Glück hat, den tragen die Wellen aufs Meer hinaus oder zerschmettern seinen Körper an einem Hindernis, das den Wogen irgendwo weit landeinwärts im Weg steht. Mindestens 231 000 Menschen sterben in wenigen Stunden in den Fluten.

Gehobenes Wasser

Die Indische Platte kollidiert nicht waagrecht mit Indonesien und Thailand, sondern taucht schräg unter die Platte mit diesen Landmassen ab. Sobald die Verhakung sich gelöst hat, verschiebt das gewaltige Erdbeben den Meeresboden in der betroffenen Region auch um bis zu 11 m nach oben oder unten. Wenn sich aber der Meeresboden nach oben oder unten bewegt, wird auch das Wasser darüber hochgehoben oder sinkt in die Tiefe. So entsteht eine Riesenwelle, die Tsunami genannt wird.

Verhakte Platten

Die Katastrophe vom zweiten Weihnachtsfeiertag 2004 entstand genau betrachtet tief im Innern der Erde. Geophysiker wissen, dass sich dort eine Art extrem zäher Gesteinsbrei befindet, auf dem mehrere gigantische, feste Platten schwimmen. Diese bewegen sich mit den obendrauf sitzenden Meeren und Kontinenten jedes Jahr nur wenige Zentimeter weiter.

Manchmal aber verhaken sich die Platten ineinander. Enorme Spannungen entstehen dann zwischen den verschiedenen Regionen der Platten. Irgendwann hält das Gestein die riesige Belastung nicht mehr aus und reißt. Genau das ist am 26. Dezember 2004 um 1.58 Uhr und 53 Sekunden Mitteleuropäischer Zeit auf einer Länge von rund 1200 km zwischen der kleinen Insel Simeuluë im Westen des nördlichen Sumatra und den Inselgruppen der Andamanen und Nikobaren westlich von Thailand der Fall: Im Durchschnitt 15, an manchen Stellen bis zu 20 m schnappte die Indische Platte in dieser Region nach Nordosten, rechnete der US-amerikanische Geologische Dienst USGS aus.

Die Gewalt des Tsunami am 26. Dezember 2004 reißt auch Gebäude und Autos mit sich.

Meer und Technik

Tiefe Wellen ganz hoch

Wie Tsunamis sich zu Riesenwellen auftürmen

Als am zweiten Weihnachtsfeiertag 2004 ein Erdbeben den Indischen Ozean auf 1200 km Länge erschütterte, hob sich der Meeresgrund entlang dieser Zone um bis zu 11 m. Dabei wurde auch eine gigantische Wassermenge in der Größenordnung von etlichen 100 km³ bewegt.

Die Killerwelle entsteht

Darin aber liegt der Unterschied zu normalen Wellen: Lösen Wind, Meeresströmungen oder auch ein ins Wasser geworfener Stein Wellen aus, bewegen diese nur die oberste Wasserschicht. Die senkrechte Bewegung des Meeresgrunds bei einem Seebeben aber hebt die gesamte darüberliegende Wassersäule an oder lässt sie ein Stück in die Tiefe sacken. Bei einer durchschnittlichen Ozeantiefe von 4100 m ist die Energie einer solchen Welle dramatisch höher als die einer „normalen" Welle, die das Wasser nur einige Meter unter der Meeresoberfläche bewegt.

Die Wellenberge eines solchen Tsunami aber ragen selten mehr als 1 m über den normalen Meeresspiegel auf, meist ist die Welle nur ein paar Dezimeter hoch. Da die Entfernung von einem Wellenberg zum nächsten 100–500 km beträgt, hebt das Wasser ein Boot auf dem Meer nur sehr langsam und recht wenig, auch wenn die Welle mit der Geschwindigkeit eines Verkehrsflugzeugs von 700 oder 800 km/h vorankommt.

In den normalen, kaum 100 km/h schnellen, durch Wind und Strömungen verursachten Wellen verschwindet ein Tsunami auf hoher See völlig, Fischer und andere Seeleute merken nichts von der drohenden Gefahr.

Breschen der Verwüstung

Je größer aber die Wellenlänge ist, umso weniger Energie verliert die Welle während sie sich ausbreitet. Trifft ein Tsunami also nach vielen Hundert oder auch mehreren Tausend Kilometern auf die Küste, hat er immer noch eine gewaltige Wucht. In Ufernähe aber konzentriert sich der Wasserdruck statt auf 4000 m Wassertiefe nun z. B. nur noch auf 10 m Wassersäule. Daher türmt sich die Welle plötzlich viel höher auf und kann wie am zweiten Weihnachtsfeiertag in Südasien ganze Küsten verwüsten. 20–30 m hohe Wellen schlugen an diesem Morgen 20 Minuten nach dem gewaltigen Seebeben ihre Breschen der Verwüstung in die indonesische Provinzhauptstadt Banda Aceh, zwei Stunden später verheerten sie Sri Lanka und auch den Süden Indiens.

Die größte Welle

Ein kräftiges Erdbeben schüttelt am 9. Juli 1958 die Pazifikküste Alaskas. 900 m über dem Meeresspiegel der Lituyabucht sprengen die Erdstöße 90 Mio. t Fels, Erde und Eis los. Bis zum Auftreffen auf die Wasseroberfläche der gerade einmal 13 km langen und 4 km breiten Bucht hat die Gerölllawine auf satte 360 km/h beschleunigt. Die Besatzungen der drei Fischerboote am Eingang der Lituyabucht traut ihren Augen nicht, als sich nach dem Einschlag vor ihren Augen eine 150 m hohe Welle auftürmt. Die Besatzung eines der

Boote überlebt diese wolkenkratzerhohe Welle nicht, die anderen beiden Fischkutter reiten sie erfolgreich ab.

Der Megatsunami brandet gegenüber der Stelle, an der die Lawine in die Bucht donnerte, auf ein Steilufer, rast den Berg hinauf und trägt ihn bis auf den blanken Fels ab.

Als Wissenschaftler später die Höhe bestimmen, bis zu der die Bäume von der Welle abrasiert wurden, ist der Guinnessrekord fällig: Der Megatsunami lief offensichtlich bis auf eine Höhe von 524 m auf.

Meer und Technik

*Wenn die Welle kommt, bleibt nur die Flucht.
In manchen gefährdeten Küstenregionen wie
hier in der Stadt Seward in Alaska sind Flucht-
routen ausgewiesen.*

Warnung vor der Flut

Europäische Systeme warnen vor asiatischen Tsunamis

Als am 12. September 2007 um 13.10 Uhr mitteleuropäischer Sommerzeit vor dem Süden Sumatras ein gewaltiges Erdbeben der Stärke 8,0 den Meeresboden zwischen den Mentawaiinseln und der Insel Enggano erschütterte, war Alexander Rudloff vom GeoForschungsZentrum GFZ in Potsdam trotz der solche Naturkatastrophen begleitenden Tragik auch ein wenig erleichtert. Der erste Teil des unter deutscher Leitung entstehenden Tsunamifrühwarnsystems hatte seine Feuertaufe bestanden. Fünf Minuten nach dem Beben hatten Rechner in Potsdam Ort und Stärke des Bebens ermittelt, weitere zwei Minuten später hatte Rudloff eine automatische Warnung in seiner Mailbox. Die Mail-Warnung der US-amerikanischen Erdbebenspezialisten trudelte dagegen erst eine knappe halbe Stunde nach dem Beben bei ihm ein.

Entscheidende Minuten

Meer und Technik

Solche Warnzeiten aber entscheiden über viele Menschenleben: Bereits 20 Minuten nach dem verheerenden Beben der Stärke 9,3 am 26. Dezember 2004 hatten Tsunamiflutwellen die Provinzhauptstadt Banda Aceh in Indonesien nahezu völlig zerstört. Um das Tötungspotenzial solcher Katastrophen in Zukunft zu mindern, entstand bis zum Jahr 2008 ein Tsunamiwarnsystem für Indonesien, dessen zentrale Teile aus Deutschland stammen. Rechtzeitig gewarnt, haben die betroffenen Menschen die Chance, vor den Riesenwellen in höher gelegene Regionen zu fliehen.

Ausgelöst wird ein Tsunami meist von Seebeben. Ausgerechnet vor Indonesien aber hat das weltweite Erdbebenmessnetz eine Lücke. Genau die schließt das GFZ mit 21 neuen Messstationen. Obendrein wurden moderne Kommunikationseinrichtungen installiert, mit deren Hilfe alle Erdbebenstationen der Region bis nach Malaysia online sind. Mit diesem Teil des Frühwarnsystems konnte das Beben am 12. September innerhalb von fünf Minuten lokalisiert werden.

Gemessene Wellen

Allerdings löst nicht jedes Seebeben Riesenwellen aus. Das tun nur Beben, bei denen sich Erdplatten am Meeresgrund ruckartig nach oben oder unten bewegen. Bisher brauchten die Forscher 90 Minuten, um diese Bewegungsrichtung zu messen, für Indonesien ist das viel zu lang. Deshalb messen die deutschen Forscher mit Bojen auf dem Meer und dem Satellitenortungssystem GPS die Wellenbewegung direkt und übermitteln sie mit Funksignalen via Satellit an eine Zentrale.

Unter der Boje wird ein Sensor am Meeresgrund verankert, der den Druck registriert, den Riesenwellen bis dort hinunter auslösen. Insgesamt zehn solcher Bojen und Drucksensoren wurden installiert.

Die Signale werden anschließend an eine Warnzentrale in der indonesischen Hauptstadt Jakarta gesendet. Ein Computersystem ermittelt dort lange vor einem Beben in aller Ruhe, wie sich entsprechende Wellen an den verschiedenen Abschnitten der Küste verhalten. Im Ernstfall muss der Rechner dann nur noch auswählen, zu welchem dieser Szenarien die aktuelle Situation am besten passt und kann so auch gezielt die Küstenabschnitte warnen, die bald von den Fluten getroffen werden.

Training für den Ernstfall

An der Küste selbst müssen unüberhörbare Warnsysteme wie Sirenen die Menschen warnen. Sich allein auf Handys oder Fernsehwarnungen zu verlassen, kann z. B. nachts fatal sein. Auch müssen Küstenbewohner, Besucher und Touristen rechtzeitig vor einer Katastrophe mit den nötigen Verhaltensweisen – z. B. der raschen Flucht in höher gelegene Regionen – vertraut gemacht werden.

Eine Tsunami-Frühwarnboje hängt im Sommer 2005 auf der Hamburger Behrens-Werft an einem Kranhaken. Die Boje ist Bestandteil des in Deutschland entwickelten Tsunami-Frühwarnsystems, das seit 2008 in den gefährdeten Gebieten am Indischen Ozean bessere Rettungsmöglichkeiten garantiert, wenn Flutwellen nach Seebeben auf die Küste treffen.

Kaventsmänner auf hoher See

Monsterwellen versenken Schiffe

Am 11. September 1995 wollte Kapitän Ronald Warwick auf der Brücke des Luxusliners „Queen Elizabeth 2", südöstlich von Neufundland, seinen Augen nicht trauen: „Es sah aus, als würden wir in die weißen Klippen von Dover steuern." Die „Kreidefelsen" entpuppten sich als gigantische Wasserwand, die mindestens 28, vielleicht aber auch 33 m in den Himmel ragte. Als am 22. Februar 2001 eine ähnliche Monsterwelle mit 35 m Höhe die „Bremen" überrollte und deren Brücke demolierte, trieb das deutsche Kreuzfahrtschiff über zwei Stunden steuerlos vor der Küste Argentiniens.

Überlagerung

Lange Zeit wurden sie für Seemannsgarn gehalten: Großwellen mit 25 oder 30 m Höhe, die Schiffe regelrecht überrollen und zerschmettern. Wissenschaftler waren sich sicher, dass Wellen sich auf hoher See nicht höher als 15 m auftürmen würden. Schiffe wurden daher so gebaut, dass sie 16,5 m hohe Wellen problemlos überstehen – und jeder Kapitän glaubte sich auf der sicheren Seite. Bis 1995 eine automatische Anlage auf der norwegischen Ölplattform „Draupner" in der Nordsee in einem schweren Sturm eine einzelne Welle mit 26 m Höhe registrierte. Seither haben Ozeanforscher und Schiffbauingenieure herausgefunden, wie solche Monsterwellen entstehen: Da sich lange Wellen schneller als kurze ausbreiten, können sie sich ungünstig überlagern und dabei zu extrem hohen Wellen aufschaukeln. Solche Monsterwellen können auch entstehen, wenn sich die Dünung eines längst abgeflauten Sturmes mit den frisch aufgepeitschten Wellen eines neuen Sturmes überlagert und beide Wellensysteme aus verschiedenen Richtungen kommen. Extreme Wellen bilden sich aber unter Umständen auch, wenn die Wellen eines Sturmes gegen eine Meeresströmung auflaufen. Das passiert z. B. an der Küste des Indischen Ozeans nordöstlich des Kaps der Guten Hoffnung. Dort sind bereits einige Schiffe solchen Monsterwellen zum Opfer gefallen.

Mathematik der Wellen

Die mögliche Höhe von Monsterwellen hängt vom Meeresgebiet ab. Für jede Region kennen Versicherungsgesellschaften aus Statistiken die sogenannte „signifikante Wellenhöhe". Das ist die durchschnittliche Höhe des Drittels der höchsten Wellen. Als höchste Welle erwartet man in einem solchen Gebiet dann alle hundert Jahre eine Welle mit der 1,86-fachen Höhe der signifikanten Wellenhöhe. Liegt diese bei 10 m, sollte der Erbauer einer Bohrplattform diese also so bauen, dass sie 18,60 m hohe Wellen übersteht, die laut Statistik ein Mal in hundert Jahren auftreten. Das wäre übrigens die Höhe eines sechsstöckigen Hauses. Entstehen dort Monsterwellen mit 22 oder 24 m Höhe, würden sie einigen Schaden anrichten.

Monster sind häufig

Als von der norwegischen Ölplattform „Draupner" mit Radargeräten Wellenhöhen gemessen wurden, entdeckten die Forscher in zwölf Jahren 466 Monsterwellen. Auch die europäischen Umweltsatelliten ERS-1 und ERS-2 messen vom Weltraum aus Wellenhöhen – mit erstaunlichen Ergebnissen: Innerhalb von nur drei Wochen registrierten die Geräte immerhin zehn Wellen mit Höhen von mindestens 25 m auf den Weltmeeren. Monsterwellen treten demnach erheblich häufiger auf als früher vermutet. Schiffbauingenieure nehmen daher an, dass die meisten der zwischen 1985 und 2005 gesunkenen mehr als 200 Großschiffe solchen Kaventsmännern zum Opfer gefallen sind.

So wie auf diesem Szenefoto der Fischkutter
„Andrea Gail" im Kinofilm „Der Sturm" zum unkon-
trollierbaren Spielball von Wind und Wellen wird,
muss man sich die Begegnung von Schiffen mit
Monsterwellen auch in der Realität vorstellen.

Technik im Kanal

Wie Schiffe Monsterwellen meistern können

Seit 1995 wurden Monsterwellen mehrmals auf hoher See Schiffen gefährlich. Seither suchen Ingenieure nach Methoden, mit denen Schiffe solche Riesenwellen meistern können.

Modellversuche

Zunächst untersuchen Ingenieure wie Günther Clauss von der Technischen Universität Berlin (TUB) daher, wie sich Schiffe normalerweise verhalten, wenn sie auf eine Monsterwelle treffen. Auf dem Meer aber lassen sich solche „Versuche" kaum durchführen,

weil weder eine geeignete Messtechnik zur Verfügung steht, noch die Experimente gut wiederholt werden können, weil die nächste Monsterwelle vermutlich auf sich warten lässt. „Zum anderen ist auch die Bereitschaft von Reedereien und Mannschaften, ihr Schiff kentern zu lassen, extrem gering", erklärt Günther Clauss einen weiteren plausiblen Grund, der gegen Experimente im Maßstab eins zu eins spricht.

Daher entwickelt der Forscher mit mathematischen Formeln Modelle, die Entstehung, Verlauf und Wirkung von Wellen nachbilden. Im 120 m langen, 4 m breiten und 2 m tiefen Wellenkanal der TUB untersuchen sie dann, wie verschiedene Wellen in der Realität aufeinander einwirken und sich überlagern. Dann beobachten sie, wie sich Modelle von Schiffen oder Offshore-Plattformen im Maßstab 1 : 50 oder 1 : 80 im Wellenkanal gegenüber allen denkbaren Wellen verhalten.

Überrollt

Monsterwellen unterscheiden sich gleich in mehreren Aspekten von anderen Wellen, zeigen solche Untersuchungen. So ist ihre Flanke viel steiler als die normaler Wellen, außerdem bewegen sich Monsterwellen sehr schnell vorwärts. Da große Schiffe sehr träge

reagieren, überfahren sie Monsterwellen nicht, sondern werden von ihnen überrollt. Dabei taucht das Vorderschiff tief in die Welle ein und die volle Wucht des Wassers trifft auf die Aufbauten. Die aber sind für die dabei entstehenden Kräfte normalerweise nicht ausgerüstet. Oft folgen auch zwei oder drei Monsterwellen als sogenannte „Drei Schwestern" kurz hintereinander. Während der Bug dann bei frontalem Auftreffen bereits in das tiefe Wellental zwischen den Schwestern absackt, hebt die Welle Mittelteil und Heck noch an. Auch für solche Belastungen sind Schiffe kaum ausgelegt und zerbrechen daher leicht.

Die Modelle zeigen den Forschern auch, wie man Schiffe gegen solche Wellen wappnet. Ein breiteres Heck und eine Beladung, die den Heckbereich stärker belastet als den Bugbereich, macht z. B. einen Frachter deutlich kentersicherer als herkömmliche Bauweisen und Beladungen. Das Schiff sollte also „auf seinem Hintern" sitzen. Außerdem muss die Brücke eines Schiffes so verstärkt werden, dass unerwartet hohe Wellen die Fenster dort nicht zerstören können. Wird die Brücke nämlich geflutet, gibt es Kurzschlüsse, die Hauptmaschine fällt aus und das Schiff kann nicht mehr gesteuert werden.

Anti-Kenter-Diagramme

Die Gefahr des Kenterns hängt bei einem Schiff nicht nur von der Wellenhöhe, sondern auch von der Wellenfolge oder dem Seegang sowie von Kurs und Geschwindigkeit des Schiffes ab. Die Berliner Forscher erzeugen daher über ein Computerprogramm ein Diagramm in Form einer Windrose. Es zeigt dem Kapitän auf der Brücke mit grünen, gelben oder roten Feldern, ob er Kurs und Geschwindigkeit unter Berücksichtigung aller wichtigen Komponenten beibehalten kann. Gerät das Schiff dagegen in den gelben oder gar in den roten Bereich, sollte er Kurs oder Geschwindigkeit ändern.

Ein Mitarbeiter des Bereichs Schiffs- und Meeres-
technik der Technischen Universität Berlin bereitet
im Seegangsbecken der Versuchsanstalt für Wasser-
bau und Schiffbau ein Schiffsmodell für ein
Experiment vor. In dem 120 m langen Versuchs-
becken werden „Monsterwellen" und Kenterabläufe
simuliert und neue Verfahren zur Unfallbekämpfung
entwickelt.

Vom Einbaum zum Eisbrecher

Verkehrsmittel auf dem Wasser

Die Spuren des ersten Wasserfahrzeugs verlieren sich im Dunkel der Geschichte. Es muss aber mindestens 30 000 Jahre her sein, dass sich Menschen mit diesen Fahrzeugen aufs offene Meer hinauswagten. Denn aus dieser Zeit stammen die Spuren der ersten Menschen in Australien, das während der gesamten Menschheitsgeschichte durch eine mindestens 70 km breite Wasserstraße vom Rest der kontinentalen Landmassen getrennt war.

Einbaum und Floß

Das Baumaterial des ersten Fahrzeugs auf dem Meer aber war mit hoher Wahrscheinlichkeit Holz, das fast immer leichter als Wasser ist. Im Prinzip musste man daher also einfach einen ausreichend großen Baumstamm nehmen, um einen oder mehrere Menschen als Passagier mitzunehmen, ohne dass dieses primitive Wasserfahrzeug unterging.

Allerdings ist ein Baumstamm rund und dreht sich daher im Wasser unter Umständen mitsamt seinen Passagieren um die eigene Achse. Verhindern kann man dieses Rollen, indem man entweder mehrere Baumstämme fest aneinanderbindet oder einen Baumstamm aushöhlt. Genau so dürften auch die ersten Menschen ihr Wasserfahrzeug konstruiert haben, die sich auf das offene Meer wagten.

Die ersten Menschen kamen daher wohl entweder auf einem Floß oder in einem Einbaum nach Australien.

Vom Paddel zum Segel

Während man sich auf einem flachen Fluss noch mit langen Stangen vom Grund abstoßen und so das Fahrzeug in die gewünschte Richtung bewegen kann, muss auf dem Meer eine andere Antriebsart her. Paddel gab es wohl bereits auf Flüssen, auf dem Meer aber waren sie unersetzlich. Die ältesten Überreste von in Nordeuropa gefundenen Einbäumen und Paddeln sind beinahe 10 000 Jahre alt. Später übertrug dann ein findiger Tüftler die Erfahrung, die man beim Aufhängen von Wäsche an der frischen Luft noch heute machen kann, auf die ersten Wasserfahrzeuge:

> ### Krieg und Frieden
> *Ingenieure aller Kulturen verbesserten urtümliche Schiffstypen immer weiter, sodass sie schneller vorankamen oder mehr Ladung transportieren konnten. Wie so oft in der Technik, war auch hier die militärische Anwendung eine wichtige Triebkraft – ein Kaufmann hätte die hohen Entwicklungskosten meist nicht riskiert.*

Wind übt eine ziemliche Kraft auf ein Stück Stoff aus, das daher gut festgeklammert werden muss. Die älteste Darstellung eines solchen Segels kennen Archäologen von einer Felszeichnung in der Nubischen Wüste, sie ist 7000 Jahre alt.

Die nächste Revolution beim Schiffsantrieb ließ einige Jahrtausende auf sich warten: 1783 baute ein Franzose das erste Schiff, das von einer Dampfmaschine angetrieben wurde. Der erste kommerziell erfolgreiche Dampfschifftyp des Amerikaners Robert Fulton wurde 1809 noch genau wie sein Vorgänger von Schaufelrädern angetrieben. Ab 1836 setzte sich dann die Schiffsschraube durch, die der Österreicher Josef Ressel erfunden hatte. Erst mit diesen Antrieben konnten die Schiffe auf dem Meer weitgehend unabhängig von Wind und Strömung manövrieren.

Nach dem Zweiten Weltkrieg verdrängte der Schiffsdiesel zunehmend den Dampfantrieb. Andere Antriebsarten wie kleine Kernkraftreaktoren konnten sich dagegen nur für Spezialanwendungen wie in U-Booten und Eisbrechern durchsetzen.

Mit Einbäumen wie diesem auf einer Insel im Indischen Ozean könnten Menschen schon vor Urzeiten die Meere befahren haben.

Meer und Technik

Volle Segel voraus

Windenergie auf modernen Frachtern

Eine Art überdimensionaler Kinderdrachen hängt vor einem im Januar 2008 in Betrieb genommenen Schiff hoch im Himmel und gibt dem Frachter zusätzlichen Schwung. In verschiedenen Werften entstehen Frachtschiffe mit mächtigen Masten, an denen sich herkömmliche Segel im Wind blähen oder starre, dünne Metallflächen jedes günstige Lüftchen einfangen und in Antrieb umwandeln. Auf einem anderen Schiff drehen sich riesige Blechzylinder im Wind und treiben das Fahrzeug so vorwärts.

Windenergie im Klimawandel

Solche Schiffe funktionieren alle nach dem gleichen Prinzip: Die Fläche fängt den Wind ein und drückt oder zieht das Schiff mit seiner Kraft vorwärts. Anders als beim Segelschiff früherer Zeiten aber arbeiten in einem solchen Frachter noch riesige Dieselmaschinen. Die Windenergie liefert nur einen Teil des Antriebs, spart so aber zwischen 2 und 40 % des normalerweise benötigten Brennstoffs. Dessen Verbrennung aber verursacht den Klimawandel mit, obendrein wird der Schiffsdiesel immer teurer. Ob sich Segel auf modernen Frachtern aber wirklich rentieren, berechnet Gonzalo Tampier an der Technischen Universität Berlin.

Der chilenische Ingenieur lässt Frachtschiffe zwischen Le Havre in Frankreich und Miami in Florida über den Atlantik sowie zwischen Yokohama in Japan und San Francisco in Kalifornien oder Valparaiso in Chile über den Pazifik fahren. Danach rechnet er aus, wie viel Energie verschiedene Segeltypen auf dieser Strecke sparen. Und da niemand das nötige Geld in einen solchen Großversuch auf den Weltmeeren stecken möchte, lässt Tampier seine Schiffe eben nur in einer Computersimulation fahren.

Segel für Getreidefrachter

In das Programm eingebaut hat Tampier die Windgeschwindigkeiten und Windrichtungen, die Satelliten zwischen 1997 und 2001 alle sechs Stunden gewonnen haben. Der virtuelle Frachter fährt also jahrelang durch das echte Wetter der letzten Jahre im Computer über den Atlantik und den Pazifik. Wenige Prozent der Antriebskosten spart so ein schnelles Container- oder Passagierschiff mithilfe der Windenergie, meldet das Programm aber anschließend. Da lohnt es kaum, die Segel zu hissen, auch wenn dazu längst keine Matrosen mehr in die Takelage klettern, sondern ein Knopfdruck auf der Brücke die Segel vollautomatisch ausbringt oder einrollt.

Viel besser sieht die Situation aus, wenn ein Frachter in langsamer Fahrt mit nur 10 Knoten über die Weltmeere schippert. Dann sparen die Segel im günstigsten Fall 44 % der Energie, meldet der Computer. Am ehesten lohnen die Segel sich daher auf sogenannten Massengutfrachtern, die z. B. Getreide oder Kohle von Australien in den Rest der Welt liefern. Bei einer Passagierfähre dagegen, die Passagiere und Fracht möglichst schnell zum Ziel bringen will, rentiert sich die Windenergie am wenigsten.

Langsam ist besser

Einfacher als mit Segeln lässt sich laut Günther Clauss von der Technischen Universität Berlin beim Tempo Sprit sparen: „Vor allem die schnellen Schiffe könnten einfach langsamer fahren!" Grundlage dieses Vorschlags ist ein einfacher physikalischer Zusammenhang: Der Verbrauch oder die Antriebsleistung eines Schiffes steigt mit der dritten Potenz der Geschwindigkeit. Fährt ein Schiff mit 25 Knoten oder 46 km/h in 58 Tagen zwischen verschiedenen Häfen Ostasiens und Europas, benötigt es mit 22 Knoten keine fünf Tage länger, spart aber ein sattes Viertel Treibstoff.

Dieses Containerschiff der Beluga Shipping GmbH nutzt die Windenergie mithilfe eines „Zugdrachens", um die Hauptmaschine zu entlasten: So soll ein um 10–15 % reduzierter Treibstoffverbrauch erzielt werden. Die Segelfläche beträgt 160 m², für weitere Projekte sind Segelflächen von bis zu 600 m² geplant.

Ein schwimmendes Labor

Der Forschungseisbrecher „Polarstern"

Die Reise führt in eine der rauesten und unzugänglichsten Regionen der Erde. Die Meere der Antarktis sind eine Welt voll glitzernder Eisberge, lärmender Pinguinkolonien und massiger See-Elefanten, die träge ins Schneetreiben blinzeln. Wenn das Wetter mitspielt, kann sich kaum jemand der Faszination dieser scheinbar unberührten Natur entziehen. Doch es gibt auch die anderen Tage, an denen gewaltige Stürme toben und den Südozean zu haushohen Wellen aufpeitschen. Oder an denen beißende Kälte das Wasser in dicke Eisplatten verwandelt. Wer die Geheimnisse des tiefen Südens erforschen will, darf sich von widrigen Umständen nicht abschrecken lassen. Und er braucht ein Schiff, das einiges aushält. Genau für solche Herausforderungen

wurde das größte und bekannteste deutsche Forschungsschiff gebaut: die „Polarstern".

Kälte und Dunkelheit

Für 100 Mio. Euro hatte das Bundesforschungsministerium Anfang der 1980er-Jahre ein Schiff für Polarexpeditionen in Auftrag gegeben. Am 9. Dezember 1982 war es dann soweit: Das 118 m lange und 25 m breite schwimmende Großlabor trat seinen Dienst an. Seither ist es für das Alfred-Wegener-Institut für Polar- und Meeresforschung (AWI) in Bremerhaven unterwegs. Rund 320 Tage im Jahr verbringt das Schiff auf See und pendelt dabei zwischen Arktis und Antarktis. Rund 7600 Wissenschaftler und Besatzungsmitglieder aus 36 Ländern hat es bis zu seinem 25. Dienstjubiläum 2007 schon in die polaren Eiswelten gebracht – meistens im Sommer. Einige Fahrten aber führten auch in die Dunkelheit der Polarnacht. So hat die „Polarstern" zwischen 2005 und 2006 ein ganzes Jahr in der Antarktis verbracht, damit Forscher das Meereis und seine Bewohner zu verschiedenen Jahreszeiten beobachten konnten. Selbst bei solchen Winterexpeditionen kommt das Schiff im Südpolarmeer gut zurecht. Mit Geschwindigkeiten von bis zu 10 km/h pflügt sich der Rumpf durch meterdickes Eis. Und

selbst 6 m dicke gefrorene Panzer kann die „Polarstern" durch Rammen aufbrechen. Da bei dieser Art des Vorwärtskommens aber gewaltige Mengen Treibstoff verbraucht werden, wählt der Kapitän eine Route mit möglichst dünnem Eis, die trotzdem keine allzu großen Umwege erfordert. Schließlich gibt es einen genauen Plan, welche Regionen das Schiff wann erreichen muss.

Von der hohen Atmosphäre bis zur Tiefsee kann man auf der Polarstern so ziemlich alles untersuchen. Denn das Schiff ist vollgepackt mit Technik, Messgeräten und Laborausrüstung. Vom Radar bis zum Aquarium finden Forscher der unterschiedlichsten Fachrichtungen die nötige Ausrüstung an Bord. Spezielle Messgeräte können sie auch selbst mitbringen. Mit Kränen kann man Netze oder Bohrgestänge in den Ozean hinablassen, um den Meeresgrund und seine Bewohner zu erkunden. Oder man nutzt einen der beiden Hubschrauber an Bord, um sich zum Messen und Sammeln irgendwo in der eisigen Weite des antarktischen Festlands absetzen zu lassen. Von solchen Möglichkeiten träumt jeder Polarforscher. Doch neben den 44 Besatzungsmitgliedern können auf jeder Fahrt nur 55 Wissenschaftler dabei sein. Die Fahrkarten für die „Polarstern" sind äußerst begehrt.

Die „Aurora Borealis"

Damit die „Polarstern" nicht mehr jedes Jahr zwischen Arktis und Antarktis pendeln muss, soll im Jahr 2012 ein neuer europäischer Forschungseisbrecher namens „Aurora Borealis" in See stechen. Entwickelt wird dieses speziell für die Arktisforschung konzipierte Schiff unter Federführung des Alfred-Wegener-Instituts für Polar- und Meeresforschung in Bremerhaven.

*Offenbar ohne größere Scheu begutachten Pinguine
die „Polarstern" auf ihrem Weg durchs antarktische
Packeis.*

Türme auf dem Wasser

Bohrplattformen

Mit ihren 472 m Höhe übertrifft die höchste je gebaute Bohrplattform, die norwegische „Sea Troll", den Pariser Eiffelturm um die Wolkenkratzerhöhe von 172 m. Allerdings stecken 303 m der gesamten Höhe unter dem Meeresspiegel. So tief ist die Nordsee nämlich rund 100 km vor der norwegischen Küste westlich von Bergen.

Brennstoffe aus dem Meer

Im Mai 1996 wurde erstmals Erdgas von dieser Bohrinsel zum Festland geliefert. 50–70 Jahre soll das Trollgasfeld Erdgas liefern, angesichts der steigenden Energiepreise lohnen sich die 4,75 Mrd. US-$ Projektkosten für die „Sea Troll" also durchaus.

> ### „Brent Spar"
>
> *Als die Firma Shell den schwimmenden Öltank „Brent Spar" 1995 im Atlantik versenken wollte, verhinderte die Umweltschutzorganisation Greenpeace das mit spektakulären Aktionen. Später mussten die Aktivisten zugeben, dass die Umwelteinflüsse der geplanten Versenkung minimal gewesen wären. Trotzdem gibt es eine Übereinkunft, nach der Bohrplattformen nicht versenkt werden dürfen.*

Bereits 1979 wurde dieses größte Erdgasfeld unter der Nordsee entdeckt. Eine Förderung im Meer war da längst kein Problem mehr, Halbtaucherbohrinseln oder Bohrschiffe können immerhin noch in Wassertiefen unter 3000 m operieren. Die Position halten die auf Pontons schwimmenden Halbtaucherbohrinseln entweder mithilfe eines Ankers oder ein Antrieb korrigiert ähnlich wie bei einem Bohrschiff die Abdrift durch Strömungen und Wind.

Öl und Gas im Schelf

Die meisten Lagerstätten für Erdöl und Erdgas aber wurden bisher im flachen Wasser am Rand von Kontinenten gefunden, dort können Bohrplattformen wie die „Sea Troll" errichtet werden. 1992 begann die Firma Aker Kværner im Trockendock der südnorwegischen Hafenstadt Stavanger mit dem Bau des 36 m hohen Sockels, auf dem die ganze Anlage heute steht. Allein dieser „Grunddom" ist demnach so hoch wie ein Gebäude mit zwölf Stockwerken. Auf diesen schon für sich gigantischen Sockel wurden dann im Vatsfjord vier jeweils 343 m hohe Betonsäulen mit einer sogenannten „Gleitschalung" in einem Zug hochgezogen. Zur gleichen Zeit wurde die 22 500 t schwere Arbeitsplattform an Land aus verschiedenen Modulen zusammengesetzt. Im Januar 1995 flutete man dann die Ballasttanks im Sockel der Bohrplattform und die gesamte Anlage sank so tief ins Wasser, dass die Betonsäulen nur noch 6,5 m über den Wasserspiegel des Fjords aufragten.

Bei diesem Manöver gab es beim Bau der Schwesterplattform einen schweren Unfall, bei dem die Konstruktion in sich zusammenbrach und beim Aufprall auf dem Meeresboden ein Erdbeben der Stärke 3 auslöste. Bei der „Sea Troll" aber ging alles glatt und die auf hohen Pontons schwimmende Arbeitsplattform wurde mit Schleppern über die vier Betonsäulen gezogen. Mit Pressluft wurde dann so viel Wasser aus den Ballasttanks herausgedrückt, bis die gesamte 345 000 t schwere Konstruktion wieder 245 m über den Wasserspiegel aufragte. Zehn Schlepper mit zusammen 130 000 PS zogen die Bohrplattform im Mai 1995 gut 300 km weit zu ihrem heutigen Standort. Es war das größte und schwerste Bauwerk, das Menschen je bewegt haben. Als die Ballasttanks wieder geflutet wurden, sank die „Sea Troll" dann erst zum Meeresboden und später noch 9 m in diesen hinein. Seither hält sie ihr enormes Gewicht starr an der Stelle und die Ingenieure konnten im Meeresgrund nach Gas bohren, das über Pipelines an Land gepumpt wird.

Einsatzort für Bohrplattformen wie diese vor der kalifornischen Küste ist das flache Wasser am Rand von Kontinenten.

Das Erbe der Seefahrer
Chemische Tricks erhalten historische Schiffswracks

Als Kriegsschiff hat die „Vasa" komplett versagt. Am 10. August 1628 lief der 61 m lange und mit 64 Kanonen ausgerüstete Stolz der schwedischen Marine zu seiner Jungfernfahrt aus. Doch die Salutschüsse im Stockholmer Hafen waren noch nicht verklungen, als sich das Schiff zur Seite neigte und in den Fluten versank. Inzwischen aber kommt die „Vasa" als Publikumsmagnet zu neuen Ehren. Rund 800 000 Besucher strömen seit 1990 jährlich in das Museum in Stockholm, das extra für das restaurierte Schiff gebaut wurde.

Zerstörerische Säure
In dem Jahrhunderte alten Holz des Museumsstars aber tickt eine chemische Zeitbombe. Schwefelsäure bildet sich in den Planken und Balken und droht das Schiff von innen zu zerstören. 333 Jahre lang hatte die „Vasa" im Stockholmer Hafen gelegen, bevor sie 1961 gehoben wurde. In dieser Zeit sind große Mengen von Bakterien hergestellten Schwefelwasserstoffs in das Holz eingedrungen und haben sich im Lauf der Zeit in Schwefel umgewandelt. Und der wurde zum Problem, nachdem das Schiff gehoben worden war. Denn mit dem Sauerstoff der Luft reagiert Schwefel zu Schwefelsäure. Nun wird nach Möglichkeiten gesucht, den zerstörerischen Prozess zu unterbinden. Für erste Hilfe sorgt eine neue Klimaanlage. Denn konstante Temperaturen und Feuchtigkeitsverhältnisse bremsen die Säurebildung.

Ein Korsett für Holz
Alte Holzschiffe konfrontieren die Konservatoren aber noch mit anderen Herausforderungen. Denn ein gehobenes Wrack kann man nicht einfach trocknen lassen und ins Museum schaffen. Schließlich liegt sein Holz meist seit Jahrhunderten im Wasser, Bakterien und Pilze haben es teilweise zersetzt. Solches Holz hat eine Struktur wie ein Schwamm und saugt sich entsprechend mit Wasser voll. Wenn es

> ### Versunkene Gefahr
> Wer in den Meeren der Welt untergegangene Schiffe aufspürt, ist nicht unbedingt Historiker oder Schatzsucher. Oft geht es bei der Suche auch um Sicherheitsfragen, denn vor allem in flachen Gewässern können Schiffe leicht auf Wracks auflaufen. Allein auf dem Grund von Nord- und Ostsee liegen etwa 2500 versunkene Schiffe und andere künstliche Hindernisse. Und jedes Jahr finden Experten des Bundesamts für Seeschifffahrt und Hydrographie etwa 50 neue.

dann austrocknet, schrumpft es, bekommt Risse und verliert seine Stabilität.

Experten am Deutschen Schiffahrtsmuseum in Bremerhaven entwickeln daher spezielle Konservierungsmethoden für nasses Holz. Die Hansekogge aus dem 14. Jh., die heute das Prunkstück des Museums ist, bestand z. B. aus verschieden stark angegriffenem Holz, das mit einem eigens entwickelten Verfahren behandelt werden musste. Zunächst wurde es in ein Bad aus einer wasserlöslichen chemischen Verbindung getaucht. Dieses Polyethylenglycol (PEG) dringt in den festen Holzkern ein und ersetzt dort das Wasser in den aufgequollenen Zellwänden. Im Gegensatz zu Wasser verdunstet das flüssige PEG nicht, das Holz behält seine Stabilität also auch nach dem Bad. In den schon stark zersetzten Holzpartien funktioniert diese Methode allerdings nicht, weil es dort keine Zellwände mehr gibt. Also musste sich die Kogge einem zweiten Bad in einem anderen PEG unterziehen. Dieses Material füllt die Hohlräume im zersetzten Holz aus und wird fest, sobald das Schiff aus dem Bad taucht. Das Schiff bekam so eine Art inneres Korsett, das die Holzteile in Form hält.

Die unrühmlich untergegangene „Vasa" besitzt heute in Stockholm ihr eigenes Museum.

Lesen in der Vergangenheit
Was alte Logbücher verraten

Das Abenteuer konnte nicht gut ausgehen. Als Sir Hugh Willoughby am 10. Mai 1553 mit drei Schiffen den Londoner Hafen verließ, hatte er nicht die geringste Erfahrung in Seefahrt und Navigation. Dennoch war der Brite fest entschlossen, einen neuen Seeweg nach China zu entdecken – und zwar in nordöstlicher Richtung durch die Gewässer der Arktis. Die Expedition scheiterte weit vor dem Ziel. Bei Murmansk wurden zwei der Schiffe im Eis eingeschlossen, Willoughby selbst und ein großer Teil der Besatzungen kamen ums Leben. Ihr Logbuch aber hat die tragische Reise überstanden. Seine vergilbten Seiten studieren heute die Klimaforscher des Norwegischen Polar Instituts (NPI).

Historische Karten

Die Wissenschaftler interessieren sich für die Eismassen, die rings um den Nordpol den Ozean bedecken. Wie hat sich die Ausdehnung des Meereises in den letzten Jahrhunderten verändert? Schmilzt es unter dem Einfluss des Klimawandels allmählich ab? Solche Fragen soll ein Archiv beantworten, das die Forscher am NPI gemeinsam mit der Naturschutzorganisation World Wide Fund for Nature (WWF) erstellt haben. Es enthält mehr als 6000 Karten aus dem Gebiet zwischen Grönland und der Insel Nowaja Semlja im russischen Eismeer. Darauf ist die Eisverteilung zu verschiedenen Zeitpunkten zwischen 1553 und heute zu sehen. Eine vergleichbare Kartensammlung, die Aufzeichnungen von Entdeckungsreisenden ebenso berücksichtigt wie moderne Satellitendaten, gab es bis dahin nicht. Mehr als 15 Jahre hat es gedauert, den Informationswust aus fünf Jahrhunderten auszuwerten.

Eis auf Papier

Schon die Kapitäne des 16. Jh. haben in ihren Logbüchern neben Wetterangaben auch das Auftauchen von Eisbergen und die Grenzen des Packeises vermerkt. 300 Jahre später begannen einzelne Polarforscher, das Phänomen Meereis wissenschaftlich zu untersuchen. Fridtjof Nansen z. B. hatte sein packeistaugliches Schiff „Fram" in ein schwimmendes Labor verwandelt. Der Norweger hielt nicht nur Eisgrenzen fest, sondern auch Wassertiefen und Strömungen, Temperatur und Salzgehalte. Noch umfassendere Daten über die Eisverteilung gibt es seit Anfang des 20. Jh. Damals wurde auf Spitzbergen Kohle entdeckt und für die Sicherheit der Transportschiffe waren solche Informationen unverzichtbar. Heute lässt sich die Eisbedeckung der Polarmeere mit deutlich weniger Abenteuergeist per Satellitenblick aus dem All beobachten.

Seit etwa 30 Jahren verzeichnen Wissenschaftler in den arktischen Gewässern einen Rückgang der Eismassen. Messungen zeigen, dass die Eisdecke in den letzten 40 Jahren um bis zu 40 % dünner geworden ist. Satellitenbilder dokumentieren eine Abnahme der eisbedeckten Fläche um etwa 3 % pro Jahrzehnt. Zwar hängt die Eisverteilung sehr stark von den Windverhältnissen des jeweiligen Jahres ab, doch viele Experten sehen auch einen Zusammenhang zwischen dem Eisschwund und der Klimaerwärmung. Die historischen Karten zeigen nun, dass der Trend zum Schmelzen schon seit mindestens 150 Jahren in Gang ist. In den kartierten Regionen der Barentssee ist das Eis seit Mitte des 19. Jh. um etwa ein Drittel zurückgegangen.

> ### Das große Tauen
> *Der Rückgang des Eises auf den arktischen Meeren kann für die Tierwelt der Region drastische Konsequenzen haben. Beispielsweise sind Robben und Eisbären auf Packeis und Eisschollen angewiesen, um zu jagen und ihre Jungen aufzuziehen.*

Mit der „Fram" erforschte Fridtjof Nansen die Polar-
meere. Das Holzschiff war so konstruiert, dass es im
Packeis driften konnte. Heute wird es im
Frammuseum in Oslo ausgestellt.

Gefiedertes Öl

Der Untergang der „Prestige"

Im Spätherbst des Jahres 2002 erlebte Europa die bis dahin größte Ölpest seiner Geschichte. Am 13. November schlug der Öltanker „Prestige" vor der nordspanischen Küste leck, brach auseinander und sank. Der größte Teil seiner 77 000 t Schweröl floss ins Meer und verschmutzte einen Küstenstreifen von etwa 3000 km Länge. Um solche Katastrophen in Zukunft möglichst zu verhindern, dürfen die besonders gefährlichen „Einhüllen-Tanker" vom Typ der „Prestige" heute kein Schweröl mehr in EU-Häfen transportieren.

Die schwarze Flut

Denn die Folgen des Unfalls waren verheerend. Wochenlang trieb eine unappetitliche Mischung aus verendeten Vögeln und zähen Ölklumpen auf dem Atlantik. „Chapapluma" - „gefiedertes Öl" - heißt so etwas in Spanien. Bis zum Mai 2003 fanden freiwillige Helfer mehr als 23 000 gefiederte Ölopfer von 71 verschiedenen Arten, drei Viertel davon waren bereits tot. Etwa 600 Tiere konnten in aufwendigen Säuberungsaktionen wieder aufgepäppelt werden. Mehr als die Hälfte der verölten Vögel waren Trottellummen, daneben hat die schwarze Flut aber auch zahlreiche Tordalke, Basstölpel, Papageitaucher und Möwen getötet. Manche Arten wie die sehr seltene iberische Unterart der Trottellumme könnte der Unfall der „Prestige" sogar ein Stück näher an die Ausrottung gebracht haben. Insgesamt sollen 250 000 – 300 000 Seevögel umgekommen sein.

Langlebige Gifte

Schwieriger sind die Konsequenzen des Unfalls für die Fischerei abzuschätzen. Zwar wurden die Fangverbote je nach Fischart zwei bis acht Monate nach der Havarie wieder aufgehoben und die Fischer relativ großzügig entschädigt. Doch Wissenschaftler rechnen mit einem Schrumpfen der Fischbestände. Gefährlich für Fisch- und Muschellarven sind sogenannte Polyzyklische Aromatische Kohlenwasserstoffe, die aus dem Öl freigesetzt werden. Diese langlebigen Substanzen sind zum Teil krebserregend und bereits in geringen Konzentrationen extrem giftig. Schon ein Teilchen Schadstoff pro Million Teilchen Wasser kann Fischlarven schädigen. Zudem besteht die Gefahr, dass sich die Gifte in der Nahrungskette anreichern. In Entenmuscheln aus galicischen Gewässern haben Wissenschaftler im Mai 2003 bis zu 700 Mikrogramm (Millionstel Gramm) Kohlenwasserstoffe pro Kilogramm Trockenmasse gefunden. Das entspricht dem Dreieinhalbfachen des zulässigen Grenzwerts. Im September 2003 war der Schadstoffgehalt zwar deutlich gesunken, lag aber immer noch über dem Grenzwert.

Wie sich diese Belastungen langfristig entwickeln, ist unklar. Doch offenbar kann eine akute Ölpest leicht zur chronischen werden. Wissenschaftler des Spanischen Ozeanografischen Instituts (IEO) haben jedenfalls festgestellt, dass sich das Schweröl aus der „Prestige" mancherorts am Meeresgrund abgelagert hat. Stellenweise finden sich Konzentrationen von 600 kg Öl pro km². Untersuchungen nach anderen Ölunfällen haben gezeigt, dass solche versunkenen Ölteppiche noch nach mehr als 30 Jahren giftige Kohlenwasserstoffe freisetzen.

> ### Die „Exxon Valdez"
>
> *Kaum ein Schiffsunglück in der Geschichte der Seefahrt hat so viel Schaden angerichtet wie der Untergang der „Prestige". Noch schlimmere Konsequenzen für Umwelt und Wirtschaft aber hatte die Havarie des Öltankers „Exxon Valdez", der 1989 vor der Küste Alaskas auf ein Riff fuhr. 40 000 t Rohöl liefen aus, verschmutzten 2000 km Küste und töteten Hunderttausende Fische, Seevögel und andere Tiere.*

Mensch und Meer

Ein freiwilliger Helfer macht eine Pause, als er nach dem Untergang des Tankers „Prestige" im November 2002 die von Ölschlamm verschmutzte Küste Galiciens zu reinigen versucht.

Kriegsfolgen
Die bisher größte Ölpest aller Zeiten traf den Persischen Golf

Der zweite Golfkrieg zwischen dem Irak und einer von den USA angeführten Koalition führte im Jahr 1991 zur bisher größten Ölpest der Geschichte. Etwa 1 Mio. t des „schwarzen Goldes" flossen aus mutwillig geöffneten Pipelines, aus Verladestationen und zerschossenen Schiffen in den Persischen Golf.

Öl aus Kuwait

Riesige Ölteppiche trieben von Kuwait nach Süden und wurden größtenteils in Saudi-Arabien angeschwemmt. Noch zwei Jahre später bedeckten zähe schwarze Schichten 700 km Küstenlinie. Die Folgen haben Wissenschaftler an der saudi-arabischen Küste zwischen Abu Ali und Ras az-Zawr untersucht. Das Gebiet gilt als Eldorado für brütende See-

Schnell handeln!

Nach einer Ölpest gilt es, möglichst rasch zu handeln. Strände erst nach einigen Monaten zu reinigen, zerstört nämlich oft mehr als es nützt. Die Reinigungsgeräte vernichten dann Tiere und Pflanzen, die sich an den ölbelasteten Stränden wieder anzusiedeln beginnen. Das ist eine der Lehren, die Wissenschaftler aus Untersuchungen am Persischen Golf gezogen haben.

vögel und Meeresschildkröten. Dort gibt es große Mangrovenbestände und die artenreichsten Korallenriffe der Golfregion, in weitläufigen Buchten finden sich die unterschiedlichsten Küstenlebensräume. Unzählige Zugvögel verbringen den Winter in der Region oder fressen sich neue Fettreserven für den Weiterflug an.

Das Öl aus Kuwait erreichte das Naturparadies Mitte Februar 1991. Eine zähe schwarze Masse legte sich über die Strände und floss über Wasserarme bis weit in die Salzmarschen hinein. Gerade diese Lebensräume, die wichtige Nahrungsgebiete für viele Tiere sind, wurden schwer geschädigt. Unter den eingetrockneten schwarzen Teerschichten stieg die Temperatur stark an, Wasser und Gase konnten nicht mehr in den Boden dringen. Etwa die Hälfte der Vegetation in den Salzmarschen ging zugrunde.

Allmähliche Erholung

Auch für die Mangrovenbestände sah es nicht gut aus. Viele Experten befürchteten, dass *Avicennia marina*, die einzige Mangrovenart der Region, die Ölkatastrophe nicht überstehen würde. Einige Bestände blieben jedoch wegen günstiger Winde verschont, etwa die Hälfte der Bäume hat überlebt. Inzwischen

sind sogar auf den ölbelasteten Flächen neue Mangroven nachgewachsen, ein Wiederbepflanzungsprojekt hatte Erfolg.

An den Stränden dagegen vernichtete die schwarze Flut aus Kuwait zunächst fast alle typischen Tier- und Pflanzengemeinschaften. Die nahe an der Niedrigwasserlinie gelegenen Bereiche hatten sich allerdings schon Ende 1992 weitgehend erholt. In den oberen Strandregionen lagen jedoch nach wie vor Teerdecken, sodass Tiere und Pflanzen dort vorerst nicht wieder Fuß fassen konnten. Vier bis fünf Jahre sollte es dauern, bis das Öl weitgehend verwittert war. Dann aber erreichten auch dort die typischen Strandbewohner wieder 70–100 % ihrer ursprünglichen Arten- und Individuenzahlen.

Auch die Vögel haben sich inzwischen von der Ölkatastrophe erholt. Verschiedene Seeschwalbenarten brachten in den ersten Jahren nach der Ölpest deutlich weniger Jungvögel durch als normalerweise. Offenbar wurde ihnen die Nahrung knapp, weil es ungewöhnlich wenig Fisch gab. Das an der Wasseroberfläche treibende Öl hatte offenbar viele Fischeier und Larven vernichtet. Erst 1994 hatten sich die Fischbestände wieder so weit erholt, dass auch die Seeschwalben wieder erfolgreicher brüten konnten.

Auch an Land wurden während des 2. Golfkriegs schwerste Umweltschäden verursacht. Im Bild mutwillig in Brand gesetzte Ölquellen in der kuwaitischen Wüste.

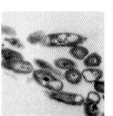

Lebende Entgifter
Ölfressende Bakterien

Ölkatastrophen gehören zu den größten Belastungen für die Weltmeere. Es gibt aber auch einen natürlichen Weg, auf dem Öl wieder aus dem Wasser verschwindet. Manche Bakterien können sich von dem energiereichen schwarzen Brennstoff ernähren. Sie decken damit ihren gesamten Bedarf an Kohlenstoff und Energie und reinigen gleichzeitig das Wasser.

Bakterien im Schlaraffenland

Wissenschaftler haben das Erbgut eines solchen Erdölfressers entschlüsselt. *Alcanivorax borkumensis* gehört sogar zu den effektivsten lebenden Wasserreinigern, die bisher bekannt sind. Solche ölfressenden Bakterien gibt es in den Meeren wahrscheinlich schon seit Millionen Jahren. Allerdings war das Nahrungsangebot für diese hochspezialisierten Organismen früher eher dürftig. Sie fristeten ihr Leben ursprünglich nur an den Stellen, an denen am Meeresboden von Natur aus Öl austrat.

Seit der Mensch Erdöl intensiv nutzt, hat sich das geändert. Inzwischen fließen bei Unfällen oder absichtlichen Einleitungen jedes Jahr um die 1,3 Mio. t Öl ins Meer. Der Tisch für die Bakterien ist also reich gedeckt. In sauberem Meerwasser schwimmen normalerweise nur wenige Erdölfresser, die mit Strömungen dorthin getrieben werden. Sie können ohne den schwarzen Brennstoff zwar überleben, sich aber nicht vermehren. Sobald aber z. B. bei einem Tankerunfall Öl ins Meer strömt, nutzen sie ihre Chance. Dann vermehren sie sich explosionsartig und beginnen, das Öl abzubauen.

Unterstützung gesucht

Das Problem ist nur, dass auch die gefräßigsten Mikroorganismen mit der Ölmenge bei großen Katastrophen überfordert sind. Die Wissenschaftler hoffen allerdings, die kleinen Wasserreiniger künftig zum effektiveren Arbeiten bringen zu können. Mithilfe des entschlüsselten Genoms wollen sie den gesamten Prozess des Erdölabbaus besser verstehen und so herausfinden, unter welchen Bedingungen er am besten funktioniert. Möglicherweise kann man die kleinen Helfer mit Nährstoffen wie Stickstoff und Phosphor düngen, die sie zusätzlich zu ihren Ölmahlzeiten brauchen. Und man müsste ja auch nicht untätig warten, bis sich die Bakterien nach einem Unfall von selbst vermehren. Das Fernziel ist, sie bei Ölkatastrophen gezielt ins Wasser zu werfen. So versuchen die Forscher nun, die Ölfresser für einen solchen Praxiseinsatz fit zu machen. Gesucht wird beispielsweise noch ein gutes Trägermaterial, auf das man die Bakterien aufbringen kann.

Kampf gegen Öl

Die Ölbeseitigung nach Tankerunfällen würde viel zu lange dauern, wenn man sie nur den natürlichen Prozessen überließe. Daher sind in solchen Situationen technische Hilfsmittel gefragt. Die Bekämpfung der schwarzen Fluten wird in Deutschland vom Havariekommando in Cuxhaven koordiniert. Diese Einrichtung besitzt die nötigen Geräte wie Pumpen für zähe Flüssigkeiten, Hochdruckreiniger, die mit Wasserdampf das Öl von Felsküsten spülen, und Ölsperren, mit denen man die im Wasser treibende schwarze Masse in eine Art Bassin einsperren und von dort abpumpen kann.

Das Verständnis der Biochemie des Bakteriums Alcanivorax borkumensis *könnte neue Wege für die umweltfreundliche Reinigung ölverseuchter Gewässer aufzeigen. Im Labor lagern sich die Bakterien in einem Gemisch von Wasser und Alkanen (einfache, gesättigte Kohlenwasserstoffe) in der Zwischenphase an und verwerten die Alkane als Energiequelle. In den Abbildungen b und c ist* Alcanivorax *vergrößert zu sehen. Die Einschlüsse spielen bei der Energieverwertung eine wichtige Rolle.*

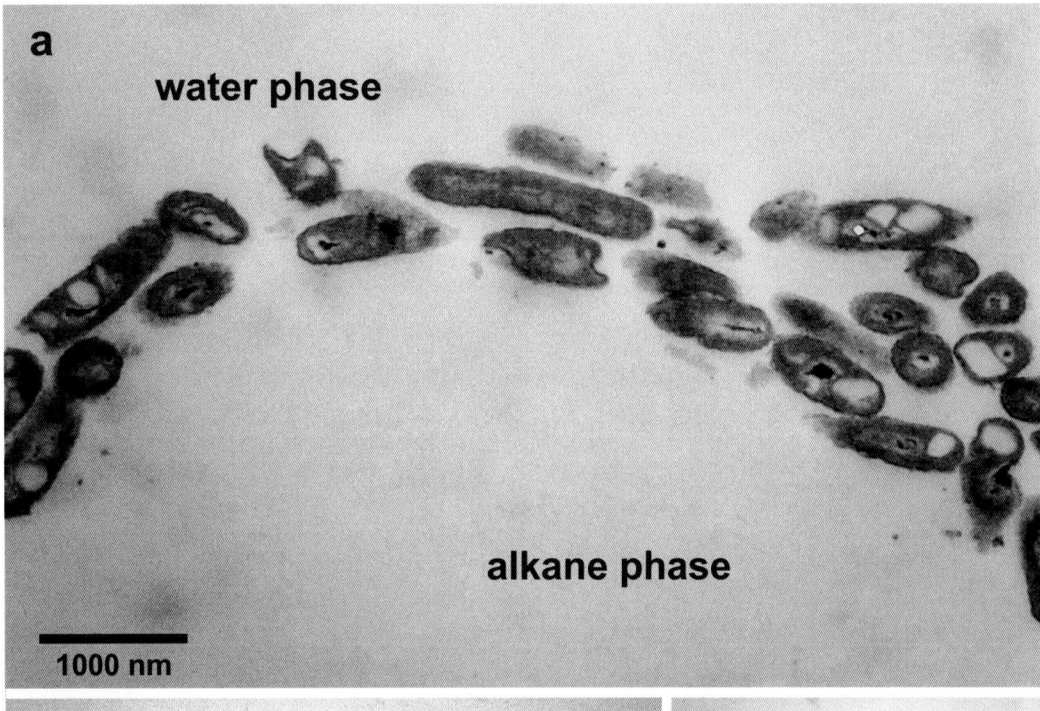

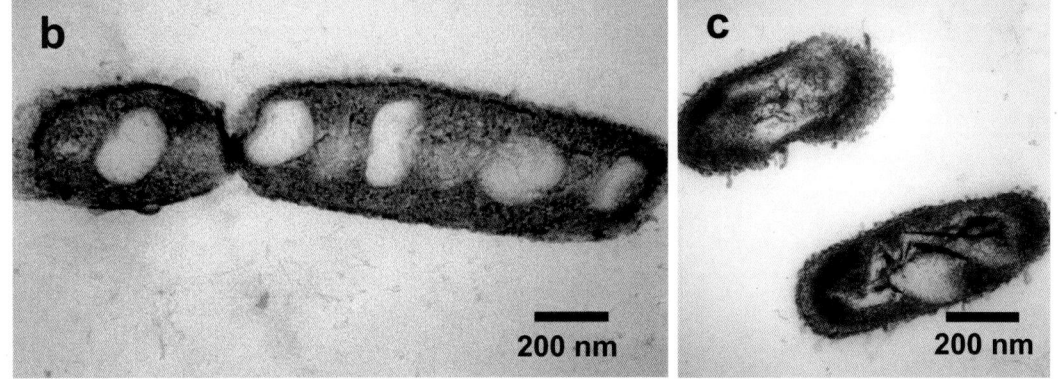

Farbe mit Nebenwirkungen
Schiffsanstriche schaden Wassertieren

Früher oder später entern sie jedes Schiff. Mit starken Klebstoffen und raffinierten Saugapparaten heften sich Muscheln, Seepocken, Algen und andere sesshafte Wasserbewohner auch an den glattesten Rumpf – sehr zum Ärger der Schiffsbesitzer und Kapitäne. Denn der Bewuchs macht das Schiff nicht nur schwerer, sondern erhöht auch seinen Strömungswiderstand. Dadurch ist es langsamer unterwegs und verbraucht mehr Treibstoff. Zudem können die Tiere und Pflanzen den Rumpf beschädigen. Also gilt es, die blinden Passagiere irgendwie loszuwerden. Dazu gibt es spezielle Schiffsanstriche mit Wirkstoffen, die sich langsam im Wasser lösen und den lästigen Bewuchs abtöten.

Aus Weibchen werden Männchen

Diese sogenannten Biozide aber sind durch unerwünschte Nebenwirkungen aufgefallen. Das früher häufig verwendete Tributylzinn (TBT) z. B. ist nicht nur sehr giftig und langlebig, sondern kann schon in winzigen Konzentrationen das Hormonsystem von Tieren durcheinanderbringen. Das führt z. B. bei Schnecken dazu, dass sich Weibchen in Männchen verwandeln. Für die Fortpflanzung und damit das Überleben der Art ist das natürlich fatal. Darüber hinaus gab es Befürchtungen, dass die Substanz auch der menschlichen Gesundheit schaden könnte. Die Europäische Union hat den Einsatz dieser Verbindung daher schon im Jahr 2003 verboten.

Da aber Muscheln und Seepocken so anhänglich blieben wie eh und je, suchten Firmen nach Ersatz für das berüchtigte TBT. Als umweltfreundlichere Alternative galt lange Zeit die organische Verbindung Irgarol. Inzwischen aber beobachten Wissenschaftler auch die Auswirkungen dieser Substanz mit Sorge.

Denn etliche Studien haben gezeigt, dass Irgarol eine schwer abbaubare Verbindung mit kritischen Eigenschaften ist. Sie stört die Fotosynthese, mit der Pflanzen ihre Energie gewinnen, und ist vor allem für Algen sehr giftig. Sie hemmt das Wachstum von Seegras und anderen Wasserpflanzen im Meer und schädigt damit wertvolle Lebensgemeinschaften. Zudem haben Versuche gezeigt, dass auch Irgarol hormonelle Wirkungen hat. Schon bei Konzentrationen von gut 0,03 Mikrogramm (millionstel Gramm) pro Liter Wasser produzieren die Männchen der Süßwasserschnecke *Radix balthica* nach 60 Tagen weniger Spermien. In diesem Fall verweiblichen also die Männchen.

Alternativen gesucht

Vor allem im Wasser und Sediment von Häfen haben Wissenschaftler hohe Konzentrationen von Irgarol nachgewiesen. In verschiedenen Ländern wurde der Einsatz dieser Substanz deshalb eingeschränkt oder sogar ganz verboten. Nun suchen Wissenschaftler also wieder nach neuen Möglichkeiten, um den lästigen Schiffsbewuch einzudämmen. Als vielversprechende Alternative gelten Produkte auf Silikonbasis, mechanische Verfahren sowie Anstriche mit Nanopartikeln und Antihaftoberflächen, die der Natur abgeschaut wurden.

Leere Teiche

Ob Irgarol auch im Süßwasser Pflanzen schädigt, war lange unklar. Dann aber zeigten Untersuchungen drastische Auswirkungen. Bei den besonders empfindlichen Grünalgen traten die ersten Schäden schon bei Konzentrationen von 0,01 Mikrogramm (millionstel Gramm) Irgarol pro Liter Wasser auf. Und fünf Mikrogramm pro Liter führten dazu, dass der Versuchsteich nach 60 Tagen so gut wie gar keine Pflanzen mehr enthielt.

Auf einer Werft im spanischen Santander wird an einem Schiff ein neuer Anstrich aufgebracht. Diese Anstriche sollen u. a. den Bewuchs von Schiffen mit Muscheln und Algen verhindern, haben jedoch bedenkliche Nebenwirkungen.

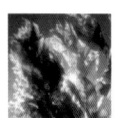

Kosmische Strahlung im Meer

Unterwasserwälder unter dem Ozonloch

Wenn sich die Taucher des Alfred-Wegener-Instituts in Bremerhaven (AWI) im Kongsfjord auf Spitzbergen vorsichtig von der Eiskante ins kalte Wasser gleiten lassen, untersuchen sie die Auswirkungen des Ozonlochs auf die Pflanzenwelt. Solche Studien bringen in gemäßigten Breiten kaum Ergebnisse, weil dort die ultraviolette Strahlung nur geringfügig zunimmt, da die Ozonschicht über diesen Regionen allenfalls um einige Prozent weniger dicht wird. In Polnähe wiederum registrieren die Forscher teilweise zwar Ozonverluste von mehr als 50 %. In der Antarktis aber lassen sich die Auswirkungen schlecht untersuchen, da es in der Eiswüste dort kaum Pflanzen gibt. Auf den wenigen Inseln in Nordpolnähe sieht es im Prinzip ähnlich aus.

Dschungel im Fjord

Im Kongsfjord auf dem 79. Breitengrad Nord aber tauchen die AWI-Forscher mitten in eine vor Leben wimmelnde Unterwasserwelt. Bis zu 4 m lange Braunalgen wiegen sich in der Strömung und bilden gleichsam einen Unterwasserwald. Dazwischen wachsen ähnlich der Strauchschicht und dem Unterholz im Wald Rotalgen als lappenförmige Gebilde und fein verästelte Pflanzen. Durch diesen Unterwasserwald schlängeln sich bläuliche Bors-

tenwürmer, Seeigel knabbern an abgebrochenen Algen, ein Heer winziger Gespensterkrebse klammert sich an die „Äste" einer Braunalge. Die AWI-Forscher möchten nun wissen, wie sich das Schwinden der Ozonschicht in der Atmosphäre auf diese üppigen Unterwasserwälder auswirkt. Zwar zeigen die Messgeräte in 5 m Tiefe nur noch 1 % der gefährlichen UV-B-Strahlung an, die auf das Wasser des Kongsfjords fällt. Obendrein schützen sich beispielsweise bestimmte Rotalgen eigentlich recht effektiv vor der schädlichen Strahlung. Ähnlich wie der Mensch in der Haut das braune Melanin einlagert, um Schäden durch starke Sonneneinstrahlung zu verhindern, bilden sie spezielle Aminosäuren, die Biochemiker als MAAs abkürzen (Mykosporin-ähnliche Aminosäuren). Diese schützen den Fotosyntheseapparat, mit dessen Hilfe Pflanzen

Biosubstanzen aus dem Kohlendioxid der Luft, Wasser und Licht herstellen.

Verpflanzte Algen

Rotalgen produzieren immer nur die aktuell benötigte MAA-Menge. Verpflanzen die Taucher aber Rotalgen aus großer Wassertiefe, in die nur wenig UV-Strahlung vordringt, in Flachwasser mit viel UV-Strahlung, beginnen die Zellen innerhalb weniger Stunden neue MAAs zu produzieren. Nach wenigen Tagen ist ein ausreichender Schutz vor der für den Fotosyntheseapparat gefährlichen Strahlung aufgebaut.

Vergrößert sich nun das Ozonloch, dringt das UV-Licht tiefer ins Wasser und die Algen müssen in Tiefen ausweichen, in denen ihre MAAs die eindringende Strahlung noch entschärfen. Ab einer bestimmten Tiefe aber reicht das Sonnenlicht nicht mehr aus, um die Pflanzen zu versorgen. Schwindet die Ozonschicht weiter, wird der Lebensraum dieser Pflanzen stark eingeengt oder verschwindet ganz. Obendrein absorbieren die MAAs die UV-Strahlung vor allem bei Wellenlängen zwischen 310 und 360 Nanometern (nm). Die UV-B-Strahlung zwischen 280 und 320 nm aber dringt teilweise durch und kann die Erbsubstanz schädigen.

Die Unterwasserwelt im Kongsfjord dominieren
Braunalgen wie diese.

Speicher und Heizplatte

Die Weltmeere im Klimawandel

Wenn 71 % der Erdoberfläche von den Weltmeeren bedeckt sind, müssen die Ozeane zwangsläufig auch beim Klimawandel eine wichtige Rolle spielen. Und die ist zumindest auf den ersten Blick durchaus positiv. Beim Verbrennen von Kohle, Öl und Gas entsteht ja das Treibhausgas Kohlendioxid, das an erster Stelle für das Aufheizen des Weltklimas verantwortlich ist. Allerdings produziert die Menschheit viel mehr Kohlendioxid als sich anschließend in der Atmosphäre wiederfindet. Die Erklärung für dieses Phänomen liefern unter anderem die Weltmeere, in denen sich Kohlendioxid ähnlich wie in Mineralwasser sehr gut löst. Rund ein Drittel des von der Menschheit freigesetzten Kohlendioxids fangen die Ozeane weg. Ohne diesen Puffer würde das Verbrennen fossiler Brennstoffe dem Klima also noch viel stärker einheizen.

Hurrikane aus dem Suppentopf

Heizt der Klimawandel die tropischen Meere weiter auf, könnte er auch Wirbelstürme noch stärker werden lassen. Solche Wirbelstürme hängen nämlich stark von den Wassertemperaturen ab. Ein Beispiel für die verheerende Kraft solcher Stürme lieferte Ende August 2005 in den USA der Hurrikan „Katrina", der mehr als 1800 Todesopfer forderte und Sachschäden in Höhe von 81 Mrd. US-$ anrichtete. Hat die Tropensonne das Wasser vor der Westküste Afrikas auf mindestens 26,5 °C aufgewärmt, verdampft der warme Ozean wie eine Heizplatte mit einem Suppentopf oben drauf jede Menge Wasser. Feuchte Luft steigt nach oben und kühlt in höheren Luftschichten wieder aus. Kühlere Luft aber kann nicht so viel Wasser tragen, ein Teil der Feuchtigkeit kondensiert aus. Erst bilden sich Wolken, bald

Gewittertürme. Wandert ein solcher entstehender Hurrikan mit den Winden nach Westen, sammelt er aus dem warmen Wasser immer mehr Energie und Feuchtigkeit. Dadurch aber wirbeln die Luftmassen immer schneller um das Auge und der Hurrikan wird stärker.

Klimawandel und Stürme

Wie aber reagieren die Hurrikane in Zukunft auf den Klimawandel? Klimaforscher und Hurrikanexperten tun sich mit einer Antwort schwer. Wird es wärmer, sollte auch das Meer wärmer werden und könnte so mehr Energie in die Wärmekraftmaschine Hurrikan pumpen. Andererseits dürfte auch die Atmosphäre in 5–10 km Höhe mit dem Klimawandel wärmer werden. Hurrikane aber lieben dort oben möglichst kalte Luft und würden so schwächer. Und es gibt noch weitere Effekte, die Hurrikane beeinflussen oder gar nicht erst entstehen lassen. Zur Frage, welcher Effekt überwiegt, erlauben die Klimamodelle keine eindeutige Antwort.

Am zuverlässigsten erscheint ein Modell von Tom Knutson im Geophysical Fluid Dynamics Laboratory im amerikanischen Princeton. Das sagt bei steigenden Treibhausgasen eine Zunahme der Hurrikanstärke bis zum Ende des 21. Jh. voraus.

Wärmespeicher

Noch fangen die Pflanzen an Land und das Meerwasser gemeinsam rund die Hälfte des von Menschen produzierten Treibhausgases Kohlendioxid wieder ein. Dieser Puffer aber könnte in Zukunft schwächer werden und der Klimawandel stärker durchschlagen.

Im 20. Jh. hat der Klimawandel die Luft bereits um durchschnittlich 0,8 °C und die Meere um 0,5 °C aufgeheizt. Das Wasser aber gibt die Wärme mit der Zeit wieder an die Luft ab. Ein Teil des bereits eingeleiteten Klimawandels wird also im Wasser zwischengelagert und dürfte in Zukunft noch die Atmosphäre erreichen.

Blick aus dem Weltraum auf den Hurrikan „Hernan",
der sich am 1. September 2002 auf die mexikanische
Küste zubewegt. Gut zu sehen ist das berühmte
Auge des Sturmes.

Kohlensäure unter Wasser

Die Versauerung der Meere

Wenn die Fangflotten in Zukunft mit leeren Netzen vom Meer zurückkommen, könnte das Verbrennen von Kohle, Öl und Gas das Leben in den Ozeanen weitgehend ausgelöscht haben. Das dabei entstehende Treibhausgas Kohlendioxid heizt nämlich nicht nur das Klima der Erde auf, sondern macht auch die Meere saurer, zeigt der deutsche Forscher Ulf Riebesell vom Leibniz-Institut für Meereswissenschaften IFM-GEOMAR in Kiel.

Fragile Kalkhüllen

Rund 6 Mrd. t des von Menschen freigesetzten Kohlendioxids holen sich die Weltmeere zurzeit jedes Jahr aus der Luft. Genau wie in der Sprudelflasche entsteht auch in den Weltmeeren Kohlensäure, wenn sich dort Kohlendioxid löst. Heute messen die Forscher daher in den Meeren mehr Säure als früher. Bis zum Jahr 2100 könnte der Säurewert in den Meeren von 8,2 Einheiten im Jahr 2000 um eine halbe Einheit sinken – Wasser wird umso saurer, je niedriger dieser pH-Wert ist. „Das klingt nicht nach viel, hat aber trotzdem dramatische Konsequenzen", erklärt Riebesell. So schützen sich viele der mikroskopisch kleinen Tiere und Pflanzen in den Weltmeeren, die Wissenschaftler als Plankton bezeichnen, mit winzigen Kalkhüllen. Dieser Kalk aber bildet sich nicht mehr, wenn der Säurewert des Wassers um eine halbe Einheit sinkt, hat Riebesell in raffinierten Experimenten bewiesen.

Kettenreaktionen

Vom Plankton aber ernähren sich die meisten Organismen im Meer. Und von diesen Organismen wiederum leben nicht nur Fische, sondern auch viele Vögel, die wiederum das Ökosystem an ihren Brutplätzen an den Küsten erheblich beeinflussen. Demnach ändert der Klimawandel nicht nur das Leben im Meer, sondern auch die Ökosysteme an den Küsten.

Korallen, Muscheln, Seeigel und Seesterne werden unter dem saurer werdenden Wasser besonders leiden. Im sauren Wasser können sie ihre harten Skelette und Schalen kaum noch bilden. Bereits 2050 werden die tropischen und subtropischen Riffe stark dezimiert sein. Korallen aber dienen nicht nur vielen Fischen als Kinderstube, sondern schützen auch die Küsten vor Tsunamis. Die Chemie der Meere ändert sich heute hundert Mal schneller als je zuvor in den letzten 20 Mio. Jahren, warnt Ulf Riebesell. Ob sich das Leben an dieses Tempo anpassen kann, weiß niemand.

Einmalige Versauerung

In den kommenden Jahrhunderten könnten die Weltmeere saurer werden als sie es in den letzten 300 Mio. Jahren je waren, befürchten Ken Caldeira und Michael Wickett vom Livermore National Laboratory in Kalifornien. Nach den Berechnungen der beiden Wissenschaftler könnte das beim Verbrennen fossiler Energieträger entstehende Kohlendioxid so viel Kohlensäure in den Weltmeeren entstehen lassen, dass dort der Säurewert pH in den kommenden Jahrhunderten um bis zu 0,77 sinkt. Nicht weiter schlimm, könnte man sagen, denn vor vielen Millionen Jahren war die Kohlendioxidkonzentration in der Atmosphäre erheblich höher als heute. Damals jedoch blieb die Auswirkung auf den Säuregehalt der Meere geringer, da die Kohlendioxidkonzentration erheblich langsamer anstieg als heute. Und so hatten geologische Prozesse genügend Zeit, um Kohlensäure langsam in Kalkgesteine umzuwandeln. Weniger Kohlensäure aber lässt auch das Wasser der Weltmeere weniger sauer werden und gibt den Organismen eine bessere Überlebenschance. Das Problem ist also mehr das Tempo, mit dem die Menschheit den Kohlendioxidgehalt der Luft in die Höhe jagt als der Anstieg selbst.

*Je mehr Kohlendioxid das Meerwasser aufnimmt
und zu Kohlensäure verarbeitet, desto tiefer sinkt
der pH-Wert des Wassers. Und je saurer das Wasser
wird, desto schlechter sind die Lebensbedingungen
beispielsweise für Seesterne.*

Fische im Treibhaus

In der Nordsee leben immer mehr südliche Arten

Eine Volkszählung unter den Nordseefischen ist eine aufwendige Angelegenheit. Schon seit 1987 nehmen Schiffe der Bundesforschungsanstalt für Fischerei jedes Jahr mehrmals Kurs auf zwölf genau festgelegte Gebiete zwischen der Deutschen Bucht und der Südküste Norwegens. Auf einer Fläche von jeweils 18 mal 18 km messen die Wissenschaftler an Bord Wassertemperaturen, Salzgehalte und andere Größen, die sich je nach Klimabedingungen verändern. Und sie werfen Netze aus, um einen Querschnitt des Meereslebens einzufangen.

Mondfische auf Abwegen

Wer wissen will, ob die steigenden Temperaturen im Treibhaus Erde die Fischfauna bereits verändern, ist auf solche Langzeitbeobachtungen angewiesen. Zwar sind in den letzten Jahren immer wieder einmal Tiere in der Nordsee aufgetaucht, die eigentlich in wärmeren Gefilden zu Hause sind. Doch solche Einzelereignisse müssen nicht unbedingt mit dem Klimawandel zu tun haben. Sie können auch einfach die kurzfristige Folge spezieller Wetterlagen sein. Genau das war z. B. bei elf Mondfischen der Fall, die Anfang des Jahres 2005 auf der niederländischen Insel Terschelling strandeten. Die bis zu 3 m großen, scheibenförmigen Tiere leben vor allem in subtropischen und tropischen Meeren. Manchmal aber lassen sie sich von Meeresströmungen in die gemäßigten Breiten tragen und tauchen dann z. B. vor der europäischen Atlantikküste auf. Dann fehlt nur noch ein kräftiger Südweststurm, der Wasser mitsamt den Fischen von der Biskaya über den Ärmelkanal in die Nordsee drückt. Solche Stürme hatte es in den Wochen vor den Strandungen gleich mehrfach gegeben.

Neue Nordseebewohner

Manche Bewohner südlicher Meere kommen allerdings nicht nur in solchen speziellen Situationen in die Nordsee. Die Langzeitdaten der Hamburger Forscher zeigen vielmehr, dass sich solche Arten dort durchaus dauerhaft etabliert haben – allerdings je nach Region in sehr unterschiedlichem Umfang.

Das Untersuchungsgebiet mit dem kältesten Wasser liegt z. B. etwa in der Mitte der Nordsee. Dort herrschen am Boden gerade einmal Temperaturen von 6 °C. In dieser Kälte bringen es die südlichen Arten auf gerade 13 % der Bodenfische. Eine Zunahme dieser Tiere haben die Forscher dort bisher nicht feststellen können.

Ganz anders ist die Situation in der Deutschen Bucht, wo das Wasser viel flacher ist und sich im Sommer selbst am Grund auf 18 °C erwärmt. Dort besteht knapp die Hälfte der Forschungsfänge aus südlichen Arten – Tendenz steigend. Zu Beginn der Untersuchungen in den 1980er-Jahren haben die Forscher in diesem Gebiet z. B. nur ganz selten einmal einen Roten Knurrhahn gefangen. Heute finden sie den bizarren Fisch mit dem dreieckigen Kopf und den vorstehenden Augen dort in 80 % aller Fänge. Offenbar profitieren die Tiere davon, dass die Deutsche Bucht im gleichen Zeitraum um durchschnittlich 2 °C wärmer geworden ist. Entscheidend ist dabei wohl nicht so sehr die hohe Wassertemperatur im Sommer. Nach Einschätzung der Wissenschaftler haben vielmehr vor allem die häufigen milden Winter dazu beigetragen, dass die südlichen Arten in der Deutschen Bucht besser überleben als früher.

> ### Kein Ersatz für Kabeljau
> *Für die Fischerei sind die aus dem Süden in die Nordsee eingewanderten Arten derzeit eher uninteressant. Denn es ist bisher keine kommerziell wichtige Art dabei, die Verlierer des Klimawandels wie den Kabeljau ersetzen könnte.*

Der Rote Knurrhahn ist heute in weiten Teilen des
östlichen Atlantiks verbreitet. Eigentlich gehört er zu
den eher im Süden beheimateten Arten, die aufgrund der Meereserwärmung auch in den
nördlichen Meeren Lebensräume finden.

Wenn es dem Untermieter zu warm wird
Die Korallenbleiche

Steinkorallen leben in einer anscheinend perfekten Zweierbeziehung. Sie selbst fangen Plankton, während in ihrem Körper winzige Algen, sogenannte Zooxanthellen, leben. Diese produzieren aus Sonnenlicht, Wasser und Kohlendioxid wichtige Nährstoffe wie Zucker. In dieser Wohngemeinschaft schützen die Korallen ihre grünen Mitbewohner vor Feinden, im Gegenzug zahlen die Algen ihrem Schutzherren eine Art Miete in Form von Nährstoffen.

Algenfieber
Normalerweise funktioniert diese Symbiose hervorragend. Allerdings vertragen die Algen extreme Temperaturen nicht gut. Deshalb leben die meisten Steinkorallen mit ihren Untermietern in 20–30 °C warmen Gewässern der Tropen und Subtropen. Die einzelnen Arten wachsen jeweils in bestimmten Temperaturbereichen optimal. Liegt die Temperatur nur wenige Grad höher, sterben die Algen im Innern der Korallen oder beginnen Giftstoffe auszustoßen. Die Koralle wirft dann ihren Untermieter hinaus. Dadurch fehlt die grüne Farbe, die Korallen bleichen aus und sterben nach einiger Zeit ebenfalls, weil die Zuckermiete ihrer Untermieter ausbleibt. Da die Klimaerwärmung die Temperaturen des Oberflächenwassers vieler tropischer Meere in die Höhe treibt, hat dieses „Bleaching" nach Angaben der Naturschutzorganisation WWF bereits 16 % der Korallenriffe in den Weltmeeren schwer geschädigt. Obendrein verschlechtern höhere Wassertemperaturen auch die Fortpflanzungsfähigkeit der Korallen, auch das führt zum Absterben von Riffen.

Kündigung als Lebensretter
Bob Rowan von der Universität der Pazifikinsel Guam kennt aber einen Trick, mit dessen Hilfe Korallen das Bleaching überleben können. Wird es den Algen zu heiß, werfen die Korallen sie einfach hinaus und suchen sich neue Untermieter, die Wärme besser vertragen. Solche hitzebeständigen Algen findet Andrew Baker von der Wildlife Conservation Society der USA in jenen Meeresregionen auffallend häufig, die in den vergangenen Jahren bei außergewöhnlich hohen Temperaturen eine Algenbleiche erlebt hatten. Genau wie auch ein Vermieter in einer Menschenstadt aber einige Zeit braucht, um einen ungeliebten Mieter loszuwerden, braucht auch der Untermietertausch bei den Korallen seine Zeit. Erwärmt der Klimawandel das Wasser also zu schnell, kommen die Korallen nicht mit, bleichen aus und sterben ab.

Klimasicherung im Ozean
Eventuell schützen die tropischen Meere sich selbst vor einer Überhitzung im Klimawandel. Forscher beobachten in den Riffen im Nordosten Australiens die sogenannte „Korallenbleiche" jedenfalls seltener als in anderen Meeresgebieten. Gerade das dort mit 29 °C relativ warme Wasser aber hat sich bisher durch die höheren Temperaturen in der Atmosphäre nur halb so stark erwärmt wie kühlere Gewässer. Einige Meeresforscher vermuten daher, dass eine Art natürlicher Thermostat ein Aufheizen des Meerwassers über 31 °C verhindert. Je wärmer das Meer wird, umso mehr Wasser verdunstet. Diese Verdunstung aber kühlt das zurückbleibende Wasser. Gleichzeitig bilden sich mehr und häufiger Dunst und Wolken, die Sonnenlicht abblocken und dadurch kühlen. Dadurch steigen die Temperaturen in den warmen Gebieten langsamer als in den kühlen und lösen so auch seltener Korallenbleichen aus. Ob der Klimawandel allerdings diesen natürlichen Thermostat mit der Zeit verstellt und danach höhere Temperaturen die Korallen gefährden, ist bisher nicht bekannt.

Die Unterwasseraufnahme zeigt Korallen vor der Insel Guam, die zum Teil ausgebleicht sind. Das Phänomen der Korallenbleiche kann zum Absterben ganzer Korallenriffe führen.

Zerschlagene Riffe

Fischtrawler zerstören die Korallen der Tiefsee

Europas Korallen bergen bis heute noch etliche Geheimnisse. Unklar ist z. B., wie alt die beeindruckenden Riffe in den Tiefen des Atlantiks genau sind. Man weiß, dass Kaltwasserkorallen sehr langsam wachsen. Bis ein Korallenast 2 cm dick geworden ist, können durchaus 400 Jahre vergehen. Mehrere Hundert Meter hohe Hügel müssen daher uralt sein. Proben von der Oberfläche der irischen Riffe haben Experten auf ein Alter von mindestens 10 000 Jahren datiert. Darunter aber liegen noch 300 m Kalkmaterial, das wesentlich älter ist. So ein Riff kann also leicht mehrere Hunderttausend Jahre alt sein.

Tonnenschwere Netze

Über diesen historischen „Korallenstädten" sammeln sich oft große Fischschwärme. So recht erklären kann das bisher niemand. Klar ist nur, dass die Fischer dieses Phänomen auch kennen. Für sie sind die beutereichen Riffregionen also besonders interessant. Bestimmte Fischereipraktiken aber können für die Tiefseeriffe verheerende Folgen haben, warnen Wissenschaftler und Naturschutzorganisationen wie der World Wide Fund for Nature (WWF). Was in Jahrtausenden gewachsen ist, lässt sich damit in wenigen Stunden zerstören. Auf der Jagd nach am Boden lebenden Tieren setzen Fischer häufig sogenannte Grundschleppnetze ein. Mit tonnenschweren Ketten werden diese zerstörerischen Geräte über den Meeresgrund gezogen, manche pflügen sich sogar mehrere Zentimeter tief durch Sand und Schlamm. Für die am Boden lebenden Tierarten ist das natürlich fatal: Sie werden häufig zerquetscht oder so tief ins Sediment gedrückt, dass sie nicht überleben können. Doch auch die Tiefseeriffe leiden massiv unter dieser Form der Fischerei. Wenn das schwere Gerät gegen Korallenstöcke stößt, haben die filigranen Kalkgebilde keine Chance. Oft bleiben davon nur noch armselige Trümmer übrig.

Rettung für die Darwin Mounds

Im Jahr 1998 entdeckten Wissenschaftler etwa 185 km nordwestlich von Schottland eine beeindruckende Unterwasserwelt. 1000 m unter dem Meeresspiegel wuchsen auf den sogenannten Darwin Mounds zahllose Riffe der Kaltwasserkoralle Lophelia pertusa. *Wie viele ähnliche Ökosysteme litt auch dieses Korallenparadies unter zerstörerischen Fischereipraktiken. Doch im Jahr 2004 beschlossen die europäischen Fischereiminister, die Darwin Mounds unter Schutz zu stellen und die Fischerei mit Grundschleppnetzen dort zu verbieten.*

Schutz vor der Zerstörung

Viele dieser Schäden bleiben in der schwer zugänglichen Tiefsee unentdeckt. Doch wer in das dunkle Unterwasserreich vordringt, bekommt häufig auch die Spuren der Fischtrawler zu sehen. Vor Irland und Norwegen z. B. haben Forscher beschädigte und mit Schleifspuren übersäte Korallenstöcke, alte Netze und andere Zeichen der Zerstörung dokumentiert. Wie groß der Schaden für Europas Korallen insgesamt ist, lässt sich nur vermuten. In den relativ gut erforschten norwegischen Riffen gelten nach Angaben des WWF jedenfalls schon 30–50 % der Korallen als geschädigt oder ganz zerstört. Inzwischen aber hat die Vernichtung der Tiefseeparadiese die Politik auf den Plan gerufen. Norwegen war das erste Land, das Korallenschutzgebiete ausgewiesen hat, in denen nicht gefischt werden darf. Auch Länder wie Irland und Großbritannien schränken inzwischen die Fischerei mit Grundschleppnetzen ein, damit die uralten Riffe Europas eine Zukunft haben.

Auf dem neuseeländischen Trawler „Recovery" wird ein Grundschleppnetz eingeholt.

Mensch und Riff

Korallen in der Zange

Gesund sind viele Korallenriffe schon lange nicht mehr. So schwemmt der Regen von den Bananenplantagen an Australiens Küsten und von vielen anderen Feldern auf der Erde immer mehr Düngemittel ins Meer. Diese zusätzlichen Nährstoffe versorgen jede Menge Unterwassergewächse, die bald die Korallen zu überwuchern beginnen.

Schlamm und Dunkelheit

Dort fehlt den in Symbiose lebenden Untermieteralgen das lebensnotwendige Licht und das Riff wird geschwächt. Sonnenlicht bleibt auch aus, wenn nach Straßenbauten oder dem Abholzen von Mangrovenwäldern am Ufer und Wäldern im Binnenland große Mengen Schlamm ins Meer geschwemmt werden, die das Wasser trüben.

Ähnlich wie ein ohnehin kränkelnder Mensch viel leichter an einer Infektion stirbt als ein vor Beginn der Infektionskrankheit gesunder, verkraften auch solche schon angegriffenen Riffe die Schäden durch einen Hurrikan schlechter. Auch Infektionen mit Pilzen und bestimmten Cyanobakterien werden solchen geschwächten Korallen viel leichter zum Verhängnis, während gesunde Artgenossen solche „Bänderkrankheiten" genannte Leiden viel besser wegstecken.

Dynamitfischer und Schnorchler

Vor allem der Mensch bereitet den Unterwasserstädten der Korallen also Probleme und das manchmal auch sehr direkt. Ein Viertel der großen Korallenriffe des Globus sind bereits durch die Klimaerwärmung zerstört oder beeinträchtigt. Viele Riffe sind überfischt. Mancherorts lassen Fischer unter Wasser sogar Dynamitstangen explodieren. So betäuben sie viele Fische und sichern sich einen reichen Fang. Gleichzeitig aber zerstören die Explosionen die Korallenriffe.

In Tourismusregionen werfen oft 50 Ausflugsschiffe an einem Tag ihre Anker direkt in ein kleines Korallenriff. Schnorchelnde Touristen bewundern zwar erst einmal die farbenprächtige Korallenwelt, werden aber bald müde und stellen sich dann gern aufs Riff, um sich auszuruhen. Genau wie beim Ankern bricht da leicht ein Teil des Riffes ab. Eine solche Dauerbelastung aber verträgt mit der Zeit auch die beste Wohngemeinschaft nicht und die Skyline der Unterwasserstadt zerbröckelt.

Erste Hilfe unter Wasser

Es gibt längst Möglichkeiten, Korallenriffe besser zu schützen: Künstliche Ankerplätze an Bojen verhindern die Zerstörung der Riffe durch Schiffsanker. Die meisten Touristen nehmen Informationen über richtiges Verhalten gern an und schädigen die Korallen dann weniger. Als Rolf Schmidt, der in Sharm el-Sheikh auf der Sinaihalbinsel eine Tauchschule besitzt, solche Maßnahmen einführte, traten rasch viel weniger Schäden auf, weil Schnorchler und Taucher sich nicht mehr auf die Stöcke stellten oder gar Äste abbrachen. Ungelöst bleiben dagegen die globalen und regionalen Umweltprobleme, die den Korallen zu schaffen machen. Soll den Korallen geholfen werden, müsste der Klimawandel gestoppt, Wälder wieder aufgeforstet und der Einsatz von Düngemitteln in der Landwirtschaft erheblich reduziert werden.

Atolle in Gefahr

An den Flanken eines völlig im Meer versunkenen Vulkans wächst oft ein „Atoll" genannter Ring von Korallenriffen bis an die Wasseroberfläche und bildet eine Reihe meist kleiner Inseln. Aufgrund des Klimawandels aber könnten diese Atolle überflutet werden, weil er den Wasserspiegel so schnell steigen lässt, dass die Korallen nicht rasch genug nachwachsen können.

Dieser tropische Kugelseestern gehört zu den
Tausenden von verschiedenen Riffbewohnern.
Tauchende Touristen – wie hier auf den Malediven
im kristallklaren Wasser eines Riffes – sind eine der
Ursachen für die gravierenden Schäden, die
Korallenriffe weltweit erleiden.

Die Nährstoffflut

Dünger aus der Landwirtschaft belastet die Meere

Jahr für Jahr spülen Regengüsse massenweise Dünger von den Äckern der Welt. Die nährstoffreichen Stickstoff- und Phosphorverbindungen fließen zunächst in Bäche und Flüsse und landen schließlich im Meer. Dort können sie ein ökologisches Desaster auslösen.

Tod im Schwarzen Meer

Besonders fatale Folgen hatte die Nährstoffflut z. B. in den flachen Küstengewässern des Schwarzen Meeres. In diesen Schelfbereichen entlang der ukrainischen, rumänischen und bulgarischen Küste sind die Lebensgemeinschaften in den 1970er- und 1980er-Jahren vollständig zusammengebrochen. Früher gab es dort riesige Muschelbänke und ein Rotalgenfeld von der Größe der Niederlande, das wichtig für den Sauerstoffhaushalt des Wassers war.

> ### Übeltäter aus der Waschmaschine
>
> *Nicht nur die Landwirtschaft hat die Meere in den letzten Jahrzehnten massiv überdüngt. Zusätzlich ist mit Haushaltsabwässern tonnenweise Phosphat aus Waschmitteln in die Gewässer geströmt. Seit der Einführung phosphatfreier Reinigungsprodukte ist diese Belastung allerdings zurückgegangen.*

Doch dann kam der Dünger und ließ massenweise im Wasser treibende Algen wachsen. Die nahmen zum einen den Rotalgen am Meeresgrund das Licht. Zum anderen starben sie irgendwann selbst ab, sanken zu Boden und wurden von Mikroorganismen abgebaut. Die winzigen Müllbeseitiger aber verbrauchen bei solchen Zersetzungsprozessen viel Sauerstoff. Also wurde das lebenswichtige Gas in den flachen Bereichen des Schwarzen Meeres knapp, Muscheln, Rotalgen und andere Organismen starben. Tonnenweise wurden tote Fische ans Ufer gespült.

Die Folgen des Desasters sind bis heute zu sehen. Erst allmählich beleben die Rotalgen auf kleinen Flächen wieder den Schelfgrund, auch die Muscheln erholen sich nur langsam. Zwar transportieren die Donau und andere Flüsse heute deutlich weniger Dünger ins Schwarze Meer als vor einigen Jahrzehnten. Doch aus dem Meeresboden lösen sich immer noch Phosphorverbindungen wieder im Wasser, die vor Jahrzehnten dort abgelagert wurden.

Gefahr für die Ostsee

Diese Rücklösung von Nährstoffen macht auch der Ostsee zu schaffen. In ihren Fluten gibt es eine scharfe Grenze zwischen salzärmerem Oberflächen- und salzreicherem Tiefenwasser. An ihrem Grund aber finden Abbauprozesse statt, die den Sauerstoff aufzehren. Und von der Oberfläche dringt das lebenswichtige Gas nicht in die Tiefe, weil sich die Wasserschichten oberhalb und unterhalb der Grenze kaum vermischen. Vor allem in den tiefen Becken der Ostsee kommt es daher häufig zu Sauerstoffmangel. Unter diesen Bedingungen aber löst sich der im Meeresboden abgelagerte Phosphor wieder im Wasser.

Durch Salzwassereinbrüche aus der Nordsee in die Ostsee verschieben sich manchmal die Schichtungsverhältnisse. Dann gelangt das sauerstoffarme Tiefenwasser mitsamt seiner Nährstofffracht auch in die Nähe der Oberfläche. Dort können die eigentlich längst abgelagerten Altlasten dann wieder das Algenwachstum ankurbeln und der fatale Kreislauf der Überdüngung beginnt von vorn. Diese Prozesse sind vermutlich die Ursache dafür, dass die Nährstoffbelastung der Ostsee nach dem Zusammenbruch des Ostblocks nicht abgenommen hat. Zwar sind in vielen Anrainerstaaten seither die Viehbestände und die Düngermengen stark zurückgegangen. In den Böden stecken aber noch gewaltige Mengen von Phosphor- und Stickstoffverbindungen, die allmählich wieder ausgewaschen und ins Meer transportiert werden.

Nährstoffe aus der Landwirtschaft und aus Haushaltsabwässern führen oft zu Massenentwicklungen von im Wasser schwebenden Algen. Das Bild zeigt eine solche Phytoplanktonblüte vor der Küste der Bretagne, die am 15. Juni 2004 von einem NASA-Satelliten aufgenommen wurde.

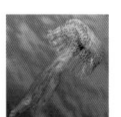

Eine reizende Plage
Quallen sind auf dem Vormarsch

Elegant treiben sie durchs Wasser und erhellen das nächtliche Meer mit einem geheimnisvollen Glühen. Leuchtquallen der Art *Pelagia noctiluca* sehen attraktiv aus. Das Problem ist nur, dass sie mit bis zu 3 m langen Tentakeln voller giftiger Nesselzellen bewaffnet sind. Wer damit in Berührung kommt, zieht sich schmerzhafte Hautreizungen zu. In den letzten Jahren trübten Massen dieser Glibbertiere immer wieder den Badespaß am Mittelmeer.

Außer Konkurrenz

Solche Quallenplagen kommen seit einigen Jahren auffällig oft vor. Zwar ist es normal, dass je nach Wetter und Nahrungsangebot in manchen Jahren mehr der durchsichtigen Meerestiere unterwegs sind als in anderen. Zudem spülen unterschiedliche Windverhältnisse mal in der einen und mal in der anderen Region besonders viele Exemplare an. Doch den Quallenboom der letzten Jahre erklärt das alles nicht.

Der könnte vielmehr mit der Fischerei zusammenhängen. Nach Hochrechnungen schottischer Forscher gibt es z. B. vor der Küste Namibias mittlerweile 12,2 Mio. t Quallen, aber nur 3,6 Mio. t Fische – und das in einem Gebiet, das früher für seine ungewöhnlich ergiebigen Fischgründe sehr bekannt war.

Inzwischen ist das Meer vor Namibia allerdings überfischt. Und genau das könnte den Quallenboom ausgelöst haben. Denn bei etlichen Fischarten stehen ebenso wie bei den Quallen winzige Krebse und anderes Kleingetier auf dem Speiseplan. Je weniger Fische es also gibt, umso weniger hungrige Konkurrenz haben die Glibbertiere zu fürchten. Zudem hat die Fischerei auch die wenigen natürlichen Feinde der Quallen stark dezimiert. Thunfische, Mondfische oder Meeresschildkröten sind vielerorts so selten geworden, dass sie die durchsichtigen Meeresbewohner kaum noch in Schach halten können.

Gute Zeiten für Medusen

Es gibt aber noch eine Reihe weiterer Faktoren, die den Quallen nützen. So sind viele Meeresgebiete stark mit Nährstoffen aus

Quallen gegen Kraftwerke
Quallenplagen können nicht nur für Schwimmer zum Problem werden. In Namibia setzen die Glibbertiere Fischnetze und Anlagen zur Wasserentnahme zu. In Japan haben sie 2006 sogar ein Atomkraftwerk weitgehend lahmgelegt, indem sie dessen Kühlsystem blockierten.

Abwasser und Landwirtschaftsdünger belastet. Dadurch entwickeln sich dort massenhaft Algen und Kleintiere, sodass die Quallen im Überfluss schwelgen können. Den für solche Gewässer typischen Sauerstoffmangel vertragen sie deutlich besser als Fische.

Durch den Ausbau der Küsten mit Häfen und Molen finden die Tiere zudem immer mehr festen Untergrund, auf den sie in bestimmten Entwicklungsstadien angewiesen sind. Viele der bekannten Arten wie Feuer- oder Ohrenqualle gehören zu den sogenannten Schirmquallen. In ihrer Jugend setzen sich diese Tiere auf Steinen oder anderen harten Materialien fest und fischen mit ihren Fangarmen Nahrung aus dem Wasser. Diese sesshaften Polypen können sich ungeschlechtlich vermehren, indem sie von ihrem Körper Knospen oder kleine Scheiben abschnüren. Die so abgetrennten Babyquallen treiben dann frei im Wasser und wachsen zu den schirmförmigen „Medusen" heran, die oft am Strand angespült werden. Je mehr Steine, Beton und feste Hafenanlagen es also gibt, umso bessere Lebensbedingungen finden die Polypen und umso mehr Medusen entstehen.

Das Unterwasserfoto zeigt eine vor Ibiza im Mittelmeer schwimmende Leuchtqualle.

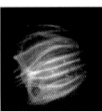

Glibberige Invasion

Eingeschleppte Rippenquallen richten großen Schaden an

Besonders gefährlich sehen die Tiere eigentlich nicht aus: Sie wirken transparent und zerbrechlich wie gläserne Kunstwerke. Selbst ausgewachsen bringen es Rippenquallen der Art *Mnemiopsis leidyi* gerade einmal auf 10 cm Größe. Und weil sie anders als bekanntere Quallenarten nicht zu den Nesseltieren gehören, können sie nicht einmal mit giftbewehrten Tentakeln aufwarten. Doch als Wissenschaftler des Kieler Leibniz-Instituts für Meereswissenschaften die Art im Oktober 2006 in der Ostsee entdeckten, schrillten bei Experten trotzdem sämtliche Alarmglocken.

Gefräßige Invasoren

Denn diese Rippenquallen, die eigentlich vor der Ostküste der USA zu Hause sind, zählen unter Fachleuten zu den gefürchtetsten Meeresbewohnern überhaupt. Die Weltnaturschutzunion IUCN hat die Art auf die „Liste der 100 gefährlichsten Invasoren der Welt" aufgenommen. Denn in verschiedenen Meeresgebieten haben die unscheinbaren Tiere schon gewaltige Schäden angerichtet.

So wurden sie in den 1980er-Jahren vermutlich im Ballastwasser von Schiffen ins Schwarze Meer eingeschleppt, wo sie sich explosionsartig vermehrten. Die glibberigen Eindringlinge sind Zwitter, die sich selbst befruchten können. Und sie sind ungeheuer produktiv: In nur zwei Wochen werden sie geschlechtsreif und können dann jeden Tag mehrere Tausend Eier produzieren. Im Sommer 1989 fanden Wissenschaftler im Schwarzen Meer stellenweise 240 Quallen pro m³ Wasser. Die gefräßigen Tiere verschlangen nicht nur die Eier und Larven von Fischen, sondern auch massenweise winzige Wassertierchen. Von diesem Plankton aber ernähren sich beispielsweise Sardellen. Nach Ankunft der Rippenquallen brachen die Bestände dieser wirtschaftlich wichtigen Fische zusammen. Der ökonomische Schaden für die türkische Fischindustrie war enorm, innerhalb weniger Jahre fielen die Erträge auf ein Zehntel der Werte vor der Invasion.

Das Kaspische Monster

Vom Schwarzen Meer breitete sich *Mnemiopsis* weiter aus. So erreichte sie in der zweiten Hälfte der 1990er-Jahre das Kaspische Meer und eroberte die Küsten von Aserbaidschan, Iran und Russland. Auch dort waren die Folgen so verheerend, dass sich die Qualle die zweifelhafte Bezeichnung „Kaspisches Monster" einhandelte. In nur wenigen Monaten schrumpften die Bestände des sardellenähnlichen Kilka drastisch. Statt wie vor der Quälleninvasion 3–6 t Kilka pro Nacht aus dem Wasser zu holen, brachten es die Fischer nach dem Auftauchen der Rippenquallen mit Glück noch auf eine halbe Tonne. Und nicht nur die Netze blieben leer, sondern auch die Mägen von Robben und Delfinen, deren Bestände ebenfalls schrumpften.

Die eingeschleppten Rippenquallen hatten ein ganzes Ökosystem aus dem Gleichgewicht gebracht.

> ### Der Feind der Feinde
>
> *Manchmal können sich durch Rippenquallen geschädigte Meeresregionen wieder erholen. Im Schwarzen Meer waren die guten Tage von* Mnemiopsis leidyi *gezählt, als dort 1997 zufällig eine andere Rippenqualle namens* Beroe ovata *eingeschleppt wurde. Die nämlich ernährt sich fast nur von* Mnemiopsis *und hat deren Bestände in kurzer Zeit stark dezimiert. Daraufhin nahmen die Bestände einheimischer Planktonarten und auch die der Sardellen wieder deutlich zu. Das Schwarze Meer erholte sich zusehends von der Invasion. Die Idee lag nun nahe,* Beroe *gezielt im Kaspischen Meer auszusetzen, um auch dort der Plage Herr zu werden. Das hat aber nicht funktioniert.*

Biologen vom Leibniz-Institut für Meereswissenschaften (IFM-GEOMAR) entdeckten
die Rippenqualle Mnemiopsis leidyi *im Herbst 2006*
erstmals auch in der Kieler Förde.

Wie das Watt sich ändert

Der Mensch gestaltet die Küste

Ein Nationalpark sollte auch im dicht besiedelten Europa eine möglichst wenig vom Menschen beeinflusste Landschaft sein. Genau das trifft scheinbar auf die drei deutschen Nationalparks an der Nordseeküste zu: Vor dem Deich erstreckt sich die geschützte Naturlandschaft, hinter dem Deich liegen die fetten Äcker und Weiden der Kulturlandschaft.

Unnatürliche Trennung

Der Eindruck einer Naturlandschaft aber täuscht. Das Wattenmeer sah vor Jahrtausenden noch anders aus. Damals gingen Meer und Land allmählich ineinander über, heute schaffen die Deiche eine scharfe Trennungslinie zwischen See und Marschland. Bei Sturm brandet das Meer daher an den Deich, früher dagegen liefen die Wellen am flachen Ufer allmählich aus und verloren dabei ihre Energie. Den Unterschied kann man mit dem Zollstock messen: In den letzten 1000 Jahren hat sich der Unterschied zwischen Hoch- und Niedrigwasser um 30 cm vergrößert. Das Hochwasser läuft heute einfach weiter auf, 1,3 m höher als vor 1000 Jahren steht das Wasser bei Sturm inzwischen.

Bei höheren Wasserständen aber rauscht auch die Flutwelle heute mit höherem Tempo durch das Watt. Dadurch wiederum werden die „Priel" genannten Abflussrinnen tiefer und breiter ausgewaschen. Ruhige Buchten werden seltener, in denen sich feinkörniger Schlick ablagern kann. Solche Buchten aber sind besonders nährstoffreich, und auf solche Biotope angewiesene Arten kommen langsam in Bedrängnis.

Trübe Aussichten für die Auster

Die nicht abgesetzten Schlickteilchen trüben heute das Meerwasser. Aus diesem Grund könnten mehrere Versuche gescheitert sein, die Europäische Auster im Wattenmeer wieder anzusiedeln, denn Austernbänke brauchen ruhiges und klares Wasser. Eines ist damit klar: Der Mensch beeinflusst das Land vor den Deichen deutlich.

Dennoch ist das Wattenmeer keine Kulturlandschaft. Es würde ja auch niemand die Antarktis als Kulturlandschaft bezeichnen, obwohl der lange Arm des Menschen in Form des Treibhauseffekts, der Quecksilberverschmutzung oder anderer Einflüsse durchaus die Gletscher des weißen Kontinents erreicht.

Grote Mandränke

Der Übergang zwischen Kultur- und Naturlandschaft ist fließend, manchmal wechseln sich die vom Menschen gemachte Landschaft und die relativ unbeeinflusste Natur einander sogar ab. So befanden sich in Nordfriesland an vielen Stellen, die der Nationalpark heute als Wattenmeer schützt, einst Siedlungen und Ackerland. Damals entwässerten die Menschen das Land und bauten Torf ab. Dadurch sackten im Lauf der Jahrzehnte ganze Landstriche unter den Meeresspiegel.

Diese leicht zu überschwemmenden Gebiete wurden dann prompt vom Meer zurückgeholt, als immer wieder schwere Sturmfluten die Küsten heimsuchten. Vom 15. bis 17. Januar 1362 ließ z. B. die „Grote Mandränke" große Teile Nordfrieslands untergehen. Mehr als 2 m über der Krone der höchsten Deiche schlugen die Wellen, bis zu 100 000 Menschen verloren ihr Leben. Gleich an mehreren Stellen der deutschen Küste entstanden neue, zum Teil riesige Buchten wie der Dollart, die Leybucht, die Harlebucht und der Jadebusen. Die nächste „Grote Mandränke" am 11. und 12. Oktober 1634 zerriss die Insel Strand in die heutigen Inseln Pellworm und Nordstrand, bis zu 15 000 Menschen starben. Danach aber schoben neue Deiche die zurückgekehrte Küstenlinie wieder weiter seewärts.

Schafe grasen auf einer riesigen Weide vor dem Leuchtturm von Westerhever. Westerhever ist ein kleines Dorf auf der Eiderstedter Halbinsel im Landkreis Nordfriesland. Die Eiderstedter Halbinsel entstand ab etwa 1000 n. Chr. durch Eindeichung und Landgewinnung aus drei Inseln.

Probleme mit Sonnenschirmen

Meeresschildkröten und ihre Konkurrenz zu Touristen

In warmen Sommernächten tauchen an den Stränden der griechischen Insel Zakynthos massige Gestalten auf. In der Bucht von Laganas legen jedes Jahr etwa 300 Weibchen der Unechten Karettschildkröte ihre Eier ab. Damit gilt Zakynthos als wichtigstes Brutgebiet für diese bedrohte Art im Mittelmeer.

Konkurrenz am Strand

Mühsam wuchten die Meeresschildkröten ihren bis zu 140 kg schweren Körper aus dem Wasser und kriechen einige Meter den Strand hinauf. Mit den Flossen graben sie dann ein Loch in den Sand, legen 80 bis 120 tischtennisballgroße Eier hinein und scharren das Ganze wieder zu. Noch vor Tagesanbruch haben sie ihre anstrengende Aufgabe erfüllt und

---

Schildkrötensteckbrief

Die Unechte Karettschildkröte Caretta caretta *lebt in subtropischen und tropischen Meeren. Im Lauf des Jahres unternimmt sie weite Wanderungen, in Griechenland markierte Tiere tauchen oft in Italien, Tunesien und Libyen auf. Die Weibchen legen alle zwei bis drei Jahre Eier, nur eines von 1000 daraus geschlüpften Jungtieren wird erwachsen.*

---

kehren zurück ins Meer. Zur nächsten Eiablage werden sie wiederkommen, denn ihr genetisches Programm zieht sie an den Strand ihrer Geburt zurück.

Weißer Sand vor dunkelblauem Meer lockt allerdings nicht nur Schildkröten, sondern auch etwa 300 000 Urlauber pro Jahr nach Zakynthos. Der Tourismus aber kann den gefährdeten Reptilien ihren Brutstrand gründlich verleiden. Nächtlicher Lärm, die Lichter von Hotels und Tavernen und eine Phalanx aus Liegen und Sonnenschirmen schrecken etliche Tiere davon ab, überhaupt an Land zu kommen. Sie legen ihre Eier ins Wasser, wo der Nachwuchs keine Entwicklungschance hat. Doch selbst aus den am Strand verscharrten Eiern schlüpfen nicht immer junge Schildkröten. Schon ein Sonnenanbeter auf seinem Handtuch kann den Sand so verdichten, dass die Eier darunter nicht genügend Sauerstoff bekommen. Und unter den Sonnenschirmen wird der Sand nicht mehr heiß genug für eine normale Entwicklung. Aus solchen Schatten-Gelegen schlüpfen entweder nur Männchen oder gar keine Jungtiere.

Schutz für die Reptilien

Um die Brutstrände der bedrohten Tiere zu schützen, hat die griechische Regierung 1999 einen Meeresnationalpark auf Zakynthos eingerichtet. Mit Unterstützung von Umweltorganisationen versucht die Verwaltung dieses Schutzgebiets, die Interessen von Touristen und Schildkröten unter einen Hut zu bringen. Beide können sich nämlich durchaus einen Strand teilen. Urlauber müssten sich dazu nachts von den Stränden fernhalten und tagsüber die in Wassernähe gelegenen Bereiche nutzen, in denen keine Reptilieneier vergraben sind. Liegestuhlvermieter könnten den Tieren das Leben leichter machen, indem sie ihre Stühle nur an bestimmten Strandabschnitten aufstellten und abends wieder wegräumten.

Einige solcher Verbesserungen haben Nationalparkverwaltung und Naturschutzorganisationen durchgesetzt. Etliche Hoteliers und Tourismusmanager ließen sich für die Sache gewinnen, die Nationalpark-Ranger kontrollierten die Einhaltung der Vorschriften und informierten die zahlreichen interessierten Touristen über den Schutz der Reptilien. Allerdings gibt es immer wieder Schwierigkeiten und Rückschläge, die Naturschützer auf mangelnde politische Unterstützung und fehlendes Geld für den Nationalpark zurückführten. Die Schildkröten sind wohl noch nicht gerettet.

Die vom Aussterben bedrohte Unechte Karettschild-kröte ist in allen tropischen und subtropischen Meeren zu Hause, ebenso im Mittelmeer. Das Foto zeigt ein Exemplar im Roten Meer.

Überschätzte Gefahr

Haie sehen Menschen kaum als Beute

Jedem von einem Hai getöteten Menschen stehen etliche Millionen Haie gegenüber, die von Fischern und Sportlern getötet wurden. Zehn Menschen starben im Jahr 2000 auf dem gesamten Globus, nachdem ein Hai zugebissen hatte. 70 – 100 Mio. Haie verendeten im gleichen Jahr dagegen durch Menschenhand, schätzt die Welternährungsorganisation FAO.

Angriffe auf Taucher

In den Schlagzeilen aber tauchen nicht die getöteten Haie auf, sondern die Menschen, die Haien zum Opfer gefallen sind. Besonders gefährlich scheint der Weiße Hai, der zwischen 1876 und 2000 insgesamt 254 Mal Menschen angegriffen hat, 67 starben dabei. Im gleichen Zeitraum fiel der Tigerhai mit 83 Angriffen auf, 29 Menschen verloren dabei ihr Leben. Weitere 69 Angriffe werden dem Bullenhai zugeschrieben, 17 davon endeten tödlich für die angegriffenen Menschen. Hammerhaie werden für weitere 18 Angriffe verantwortlich gemacht, Blauhaie für 15, Riffhaie für 14 und der Makohai für 13 Attacken auf Menschen. Die Bilanz ist eindeutig: Auch wenn mindestens 113 Menschen innerhalb von 125 Jahren durch Haie gestorben sind, ist das nicht viel: Hunde beißen Menschen tausend Mal häufiger als Haie. Die Wahrscheinlichkeit

vom Blitz getötet zu werden, ist dreißig Mal größer. Selbst die elektrische Beleuchtung von Weihnachtsbäumen fordert jedes Jahr mehr Todesopfer als Haie.

Schreckliche Wunden

Wenn allerdings einmal ein Hai einen Menschen angreift, besteht eindeutig Todesgefahr. Beißt z. B. ein Weißer Hai zu, entstehen grässliche Wunden. Auch wenn der Hai sofort von dem verletzten Menschen ablässt, droht dieser zu verbluten, wenn er nicht rasch Hilfe bekommt. Verbluten ist dann auch meist die Todesursache nach einem Angriff eines Hais, fast nie wird ein Mensch wirklich totgebissen. Im Normalfall beißt ein Hai nur ein Mal zu, dann merkt er, dass er die falsche Beute erwischt hat und lässt von seinem Opfer ab. Liegt ein Mensch z. B. auf einem Surfbrett und paddelt mit den Händen, ähnelt er von unten verblüffend einer Robbe. Bis es zu einer solchen Verwechslung kommt, muss der Surfer aber laut Statistik 1 Mio. Tage durch die Weltmeere paddeln. Angesichts der Aussicht, im Durchschnitt erst nach 3000 Jahren ununterbrochenen Surfens einmal von einem Hai angegriffen zu werden, ignorieren selbst Menschen, die bereits einmal die Zähne eines großen Weißen zu spüren bekommen haben,

die Gefahr und surfen nach dem Ausheilen der Wunden weiter.

Allerdings könnten die Angriffe von Haien auf Menschen langsam zunehmen, weil der Mensch die grauen Meeresriesen zu sich lockt. So gibt es Einheimische, die an bestimmten Stellen im Meer Haie füttern, um sie Touristen zeigen zu können. Und auch Orte, an denen Kommunen ihren Müll ins Meer kippen, ziehen Haie, die sich gern auch von Aas ernähren, an. Mit der Zeit verlieren die Tiere dann die Scheu vor den Menschen und die Gefahr eines Angriffs wächst.

Harmlose Räuber

In 400 Mio. Jahren Entwicklungsgeschichte haben sich Haie auf ganz andere Beute als den Menschen spezialisiert, weil Menschen in ihrem Lebensraum viel zu selten vorkamen. Ausgerechnet die beiden größten Arten, der bis zu 18 m lange Walhai und der gut 10 m lange Riesenhai filtern ähnlich wie der 30 m lange Blauwal Kleinstlebewesen aus dem Wasser der Ozeane. Diese Riesenfische könnten einem Menschen aufgrund ihres dafür ungeeigneten Gebisses nicht einmal dann gefährlich werden, wenn sie es wollten.

*In einigen Gebieten sind Haie sogar zur Tauch-
touristen-Attraktion geworden. Im Bild nähert sich
eine Taucherin einem Riffhai.*

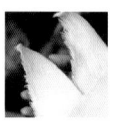

Auf der Roten Liste

Haie sterben aus

Das Fischereikomitee der Welternährungsorganisation FAO hat bereits 1999 einen Aktionsplan zum Schutz der 400 Mio. Jahre alten Tiergruppe der Haie verabschiedet. Australien hat Reservate eingerichtet, in denen speziell der Weiße Hai geschützt wird, der an den Küsten des fünften Kontinents immer wieder für Schlagzeilen sorgt, weil er Menschen angreift.

Gejagter Jäger

Der Grund für diese Aktivitäten: Die Bestände vieler Haiarten nehmen rapide ab, weil der Mensch eine ganze Reihe von Ideen hat, was

man aus Haien machen kann. Dazu gehört z. B. die Haifischflossensuppe, die besonders in Asien geschätzt wird. Die Jagd für diese Delikatesse ist oft besonders grausam: Den Haien wird einfach die Flosse abgeschnitten, die noch lebenden Tiere werden wieder ins Wasser geworfen, wo sie entweder verbluten oder von anderen Haien zerfleischt werden.

Die Flossen finden zudem, ebenso wie die Knorpel, in der traditionellen asiatischen Medizin Verwendung. Augentropfen und Kosmetik werden z. B. aus Haiknorpeln produziert. Das Fleisch des Heringshais ist als Steak beliebt. Riesenhai und Grönlandhai werden ihrer Leber wegen gejagt, aus der ein Öl gewonnen wird, das sich als Grundlage für Salben und Cremes, aber auch als Schmiermittel in der Technik eignet. Aus der Haut verschiedener Haiarten fabriziert man Schuhe und Taschen. Den Dornhai der Nordsee verarbeitet man zu Schillerlocken und Seeaal.

Abgesägte Äste

Aus der Nordsee ist der Dornhai praktisch verschwunden, an der Atlantikküste Nordamerikas nehmen die Bestände ebenfalls rapide ab. Der Grund dafür liegt auch in der hervorragenden Anpassung der Haie an ihre Umwelt. Viele Arten sind hochspezialisiert und stehen

ähnlich wie der Elefant in der Savanne und der Eisbär in der Arktis an der Spitze ihres Ökosystems. Arten wie der Makrelenhai und der Weiße Hai kontrollieren die Körpertemperaturen und halten sie deutlich über den Werten der Umgebung. Bei dieser hohen Entwicklung und in dieser Position hat man wenig Feinde. Und so kann es sich selbst der gerade einmal 1 m lange Dornhai leisten, sehr wenig Nachwuchs zu bekommen. Erst mit 15 Jahren werden die Weibchen zum ersten Mal trächtig. Nach 18–22 Monaten kommen dann vier bis acht lebende Junghaie zur Welt. Da der Dornhai bereits mit 20–24 Jahren stirbt, produziert er nicht viele Nachkommen. Fängt der Mensch viele Dornhaie, gerät die Art rasch an den Rand des Aussterbens.

Gleiches gilt für den Weißen Hai, die Weibchen werden erst mit 14–16 Jahren geschlechtsreif und tragen ihre Jungen sehr lange. Wenn dann Sportfischer und Trophäenjäger gezielt Jagd auf die schnellen grauen Räuber machen, stehen die großen Arten rasch am Rand der Ausrottung. Wie stark die Jagd auf den großen Weißen inzwischen ist, zeigen zwei Zahlen: Für einen Zahn des Weißen Hais zahlen Trophäenjäger bis zu 500 €, ein komplettes Gebiss bringt 10 000 €, manchmal bis zu 50 000 €.

Mensch und Meer

In der gehobenen asiatischen Küche gelten Haifischflossen als Delikatesse. Das Foto zeigt sie im Angebot auf einem Lebensmittelmarkt in der Region.

Unbekannter sanfter Riese

Gefährdeter Gigant – der Walhai

15 t Fisch mit einem 1,5 m breiten Maul gleiten mit 5 km/h und damit dem gemächlichen Tempo eines Wanderers durch das Meer unter der heißen Tropensonne. Ein Taucher könnte bequem in diesem gigantischen Maul des 14 m langen Tieres verschwinden, dessen 4 m hohe, elegant geschwungene Schwanzflosse es eindeutig als Hai ausweist. Die rund 3000 Zähne des Walhais aber werden einem Menschen nie gefährlich, weil er von winzig kleinen Organismen lebt, die er aus dem Wasser seiht. Deshalb schwimmt er auch gemächlich auf das Ningaloo-Riff in Nordwestaustralien zu: Dort sondern im Spätherbst der Südhalbkugel Korallen etliche Milliarden Eier und Spermien ins Wasser ab. Von überall aus den Weltmeeren schwimmen die riesigen Walhaie nach Australien, um sich an dieser Proteinbombe zu mästen.

Gefährliche Delikatesse

Der Walhai ist daher nicht nur der größte Fisch der Erde, sondern auch ein Weitwanderer. 6000 l Wasser saugt er in einer Stunde durch sein riesiges Maul. Plankton und Kleinkrebse, aber auch Sardinen, Makrelen und manchmal sogar ein kleiner Thunfisch bleiben dort an Tausenden von rund 10 cm langen Plättchen hängen, die wie ein überdimensionales Sieb wirken. Vermutlich werden die größten Fische der Welt erst nach einigen Jahrzehnten geschlechtsreif und haben erheblich weniger Nachwuchs als die meisten anderen Fische, die oft Millionen Eier legen. Diese Eigenschaft aber könnte dem Walhai zum Verhängnis werden. Denn sein Fleisch gilt als Delikatesse, 3000 € bringt ein gefangener Walhai dem glücklichen Fischer.

Früher aber konnte man dieses Geld noch leichter verdienen, denn der Walhai ist selten geworden. Das berichten jedenfalls ältere Fischer. Wie selten, weiß niemand. Der größte Fisch der Erde könnte so das Schicksal der großen Wale teilen, die genau wie er wenige Nachkommen haben müssen, weil sie außer dem Orca genannten Schwertwal keine Feinde haben. Beginnt der Mensch die Jagd auf diese Riesen, brechen die Bestände rasch zusammen und die Arten verschwinden aus den Weltmeeren.

Schlechte Geschäfte

Langsam aber bröckelt das Geschäft mit dem größten Fisch der Welt. Staaten wie Indien und die Philippinen, die USA und Australien haben inzwischen nicht nur den Fang des Walhais, sondern auch den Handel mit seinem Fleisch verboten.

Stattdessen verdienen die Menschen an den Küsten der tropischen Regionen, in denen sich der Walhai anscheinend ausschließlich tummelt, ihren Lebensunterhalt inzwischen mit Tourismus. Das funktioniert recht gut, weil der Walhai den Menschen meist weitgehend ignoriert. Manchmal donnern die Tiere sogar mit einem gewaltigen Schlag gegen ein Boot, weil sie es im Eifer des Fressens wohl schlicht übersehen haben.

Am Ningaloo-Riff Australiens können die Taucher daher völlig ungefährdet zwischen den friedlichen Riesen unterwegs sein. Einen Gesamtumsatz in Höhe von 10 Mio. US-$ jährlich erwirtschaften die Einheimischen dort inzwischen im Geschäft mit solchen Tauchtouristen. Und auch auf den Philippinen boomen die ersten Whaleshark-Safaris.

Fischer contra Tourismus

Den Menschen in Hongkong und Taiwan ist der Walhai eher von der Speisekarte bekannt. Und weil die Walhaie oft einige Tausend Kilometer weit quer über den Pazifik wandern, könnte dieser Appetit auf Walhai in Südostasien anderswo dem Walhaitourismus die Geschäftsgrundlage entziehen.

Nahaufnahme eines Walhais in der Karibik. In sein riesiges Maul, das sich über die gesamte Breite seiner Schnauze erstreckt, strömen große Mengen von Wasser, aus dem er Kleinstlebewesen herausfiltert.

Leere Netze

Die Meere werden überfischt

Unendlich und damit scheinbar unverletzbar kommen die Ozeane dem Menschen vor. Aber diese Vorstellung trügt, weil der Blick auf die Wellen des Pazifiks oder des Atlantiks keineswegs zeigt, was unter Wasser vor sich geht. Fehlen die Fische, registrieren das nicht etwa Naturschützer oder Behörden, sondern die Fischer zuerst.

Aufrüstung im Meer

Die Zahl der Dornhaie im Nordostatlantik ist z. B. bis zum Jahr 2007 um 95 % geschrumpft.

Ausweichen

Für die Zukunft sieht es also düster aus: Fällt eine Art aus, konzentrieren sich die Flotten rasch auf eine andere Spezies, die im Normalfall kleiner ist. Kleinere Arten stehen in der Nahrungskette meist weiter unten. Der vielleicht beste und engagierteste Kenner der Fischerei auf den Weltmeeren, Daniel Pauly von der University of British Columbia in Kanada, hat daher den Begriff „Fishing down the foodweb" geprägt: „Immer kleinere Arten, die bisher wirtschaftlich uninteressant waren, werden gefangen und in kurzer Zeit überfischt", erklärt der Fischereibiologe die derzeitige Entwicklung.

Das Fleisch dieser Haie wird zu den in Deutschland beliebten Schillerlocken und zu den in Großbritannien begehrten „Fish and Chips" verarbeitet. Vielen anderen Arten geht es ähnlich. Zwar holte die Menschheit 2007 noch immer 130 Mio. t Fisch und Meeresfrüchte im Wert von 130 Mrd. € aus den Ozeanen. Ein Viertel der Bestände aber ist bereits überfischt oder schon zusammengebrochen, bei der Hälfte ist man an der Grenze der Kapazität, nur ein Viertel der Fischerei arbeitet also im grünen Bereich.

Wie es dazu kommen konnte, ist schnell erklärt: Weltweit haben die Fangflotten technisch massiv aufgerüstet. So übernahmen die Fischer in den 1950er- und 1960er-Jahren einige Methoden der Kriegsmarine, mit denen sie ihre Fänge enorm steigerten. Mithilfe des Echolots spüren sie z. B. seither Fischschwärme auch in trüben Tiefen auf und können so ganz gezielt ihre Netze auswerfen. Ein als Fischlupe bezeichnetes Ultraschallgerät zeigt die Größe der Fische an und signalisiert so, ob sich der Beutezug lohnt. Elektronische Navigationshilfen lotsen die Schiffe bis auf 20 m genau an die Schwärme heran, Satellitenaufnahmen zeigen exakt die Wassertemperatur und geben damit Hinweise, wo bestimmte Fischarten stehen. Die Schleppnetze sind inzwischen bis zu 170 mal 110 m groß, zwölf Jumbojets würden bequem hineinpassen. Und Angelleinen können durchaus 130 km lang sein.

Zusammenbruch

Heute ist die industrielle Fischerei so effektiv, dass sie von manchen Arten jedes Jahr bis zu 90 % des gesamten Bestands aus dem Wasser holt. Wenn diese Arten sich nicht sehr schnell vermehren, bringen die großen Fangflotten die Art rasch zur wirtschaftlichen Ausrottung. Selbst wenn aber ein Land oder eine Staatengemeinschaft einsieht, dass bestimmte Fische weniger stark oder gar nicht mehr befischt werden sollten, machen sie doch aus einem einfachen Grund mit dem Fang weiter: Stellte man selbst das Fischen ein, der Nachbar aber nicht, brächen die Bestände vermutlich trotz der eigenen Zurückhaltung zusammen – und der Nachbar hätte das Geschäft gemacht. Und solange diese Vermutung naheliegt, machen eben alle munter weiter – bis es zu spät ist. Diese Zusammenhänge erklären, weshalb die Fischereiverbände oft viel höhere Fangquoten festlegen, als es ihre eigenen Wissenschaftler empfehlen.

Kleinere Fischerboote wie hier vor der Küste Alaskas fischen oft nachhaltiger als große Einheiten.

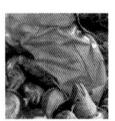

Das „Rind des Meeres" verschwindet

Kabeljau wird immer seltener

Ob „Kabeljau auf Lauchbett" oder „Fish and Chips" – Kabeljaugerichte könnten auf Europas Speisetellern künftig zur seltenen Delikatesse werden. Denn einer der wichtigsten europäischen Speisefische ist akut bedroht.

Meeresrinder auf dem Rückzug

Dabei gilt der Kabeljau als das „Rind des Meeres", als einer der wichtigsten Nutzfische überhaupt. Er wird gefangen, seit Menschen in Europas Meeren zum ersten Mal ihre Netze auswarfen. Zu der Zeit, als Kolumbus nach Amerika fuhr, entdeckten die Portugiesen, dass sich Kabeljau durch Einsalzen haltbar machen lässt, er also ein perfekter Proviantfisch ist. Im 16. Jh. ernährten sich die Seeleute der spanischen und portugiesischen Flotten in der Neuen Welt hauptsächlich von Kabeljau. Rund 200 Jahre lang sollte der Fischverzehr in ganz Europa zu etwa 60 % aus Kabeljau bestehen. Und niemand konnte sich vorstellen, dass der einst so häufige Fisch einmal knapp werden könnte.

Doch dann brachen 1992 vor der Küste Neufundlands die ersten Bestände zusammen. 10 000 kanadische Fischer und 20 000 weitere Beschäftigte in der Fischindustrie verloren über Nacht ihre Jobs. Die wirtschaftlichen Verluste durch den Kabeljaukollaps schätzte die Naturschutzorganisation World Wide Fund for Nature (WWF) auf etwa 700 Mio. pro Jahr. Heute wird in der Region kein Kabeljau mehr gefangen – es lohnt sich einfach nicht. Trotzdem haben sich die Bestände noch nicht erholt.

Zeichen des Zusammenbruchs

Längst aber hat das Kabeljaudesaster auch Europa erreicht. Im Jahr 2000 standen die Bestände in der Nordsee und westlich von Schottland kurz vor dem Zusammenbruch und auch im Skagerrak, im östlichen Ärmelkanal und in verschiedenen anderen europäischen Meeresgebieten schrumpften sie bedenklich. Auch in Europa waren die wirtschaftlichen Verluste enorm – das zeigen Berechnungen des WWF: Bei stabilen Beständen hätten die Ostseefischer im Jahr 2002 immerhin 165 000 t Kabeljau fangen können. So aber waren es nur 76 000 Tonnen, das ergab etwa 160 Mio. € weniger Einnahmen. Für die Nordsee beliefen sich die Verluste im gleichen Jahr auf 243 Mio. €. Weltweit gehen den Fischern zu Beginn des 21. Jh. 70 % weniger Kabeljau ins Netz als noch in den 1970er-Jahren. Europas Fangflotte zieht vielleicht noch 10 % der damaligen Menge aus dem Wasser.

Zu schaffen macht dem Kabeljau zum einen der Klimawandel. Offenbar wird es den Fischen in einigen Meeresgebieten einfach zu warm. Im Prinzip können sie ihre Eier zwar bei Temperaturen zwischen 0 °C und etwa 12 °C ablegen, sie bevorzugen allerdings die kälteren Gewässer bis zu etwa 6 °C. In der Nordsee aber ist das Wasser in den 1990er-Jahren deutlich wärmer geworden. Durchschnittlich kletterte das Thermometer dort in der ersten Jahreshälfte auf mehr als 8 °C. Seither vermehrt sich der Kabeljau in diesen Gewässern immer schlechter. Und zum anderen hat die jahrzehntelang viel zu intensive Fischerei ein Übriges getan, um die Bestände des Nordseekabeljaus zusammenbrechen zu lassen.

> ### Verbotene Geschäfte
>
> Vielerorts dürfen ganz offiziell größere Mengen Kabeljau aus dem Wasser gezogen werden, als die Population verkraften kann. Hinzu kommen dann noch die illegal gefangenen Tiere. Nach Schätzungen des Internationalen Rats für Meeresforschung werden allein in der Barentssee vor Norwegen und Russland jährlich zwischen 90 000 und 115 000 t Kabeljau gefangen, die in keiner offiziellen Statistik auftauchen.

Weltweit geht Fischern wie diesem immer weniger Kabeljau ins Netz. Umwelteinflüsse und Über-fischung haben für eine drastische Dezimierung der Kabeljaubestände gesorgt.

Der Mensch verändert die Arten
Überfischung greift in die Evolution ein

Wenn die Fangflotten heute kleinere Fische als früher aus den Weltmeeren ziehen, sind sie für diese Entwicklung selbst verantwortlich. Greifen die Fischer doch direkt in die Evolution ein, weil die weitaus häufigste Todesursache für Speisefische schon längst nicht mehr der Biss eines Hais, sondern das Netz eines Fischtrawlers ist. Dadurch verändert der Mensch aber die durchschnittliche Größe der Fische, das zeigen Studien aus dem Jahr 2007.

Die Mehrheit in der Kabeljauwelt

Ulf Dieckmann vom Internationalen Institut für angewandte Systemanalysen (IIASA) im österreichischen Laxenburg erläutert das am Beispiel des Kabeljau: Seit Jahrzehnten holen die Fangflotten vor allem die großen Exemplare aus dem Wasser, weil sie am meisten Geld bringen. Wie die meisten Fischarten aber wird ein Kabeljau erst beim Erreichen einer bestimmten Größe geschlechtsreif. In Gegenden ohne Fischerei legten Kabeljauweibchen ihre ersten Eier daher früher erst, wenn sie mindestens 1 m lang waren.

Übrig blieben daher vor allem die Kabeljaus, die aus der Reihe tanzen und z. B. bereits mit einer Länge von 65 cm erste Eier legen. Weil sie viel seltener als ihre größeren Artgenossen gefangen werden, vermehren sich diese kleinen Fische besser und übernehmen in der Kabeljauwelt rasch die Mehrheit. Diese Annahme ist keine nackte Theorie, sondern lässt sich in der Realität beobachten: Wurde ein Kabeljau in den 1960er-Jahren noch ab 1 m Größe geschlechtsreif, pflanzen sich diese Fische heute bereits mit einer Länge von etwa 60 cm fort.

250 Reparaturjahre

Um diesen Effekt in den betroffenen Beständen umzukehren, müsste der Fischfang weltweit drastisch reduziert werden. Oder zumindest müssten die Fische geschont werden, die gerade geschlechtsreif werden. Aber selbst wenn dies geschähe, würde es noch 250 Jahre dauern, bis die Kabeljaus wieder ihre alte Durchschnittsgröße erreichten, die sie vor 40 Jahren hatten. Das jedenfalls hat IIASA-Forscher Ulf Dieckmann mit Computermodellen ausgerechnet. Jedes Jahr bis zur Senkung der Fangzahlen kostet die Evolution demnach gut sechs Jahre, die sie brauchen würde, um den durch die Fischer verursachten Eingriff in die Evolution wieder rückgängig zu machen.

Anglerlatein

Genau wie ihre Kollegen auf dem Meer könnten auch die Angler und Fischer an den Flüssen und Seen die Evolution beeinflussen. Vor allem die Hobbypetrijünger üben hier möglicherweise einen Einfluss aus, weil sie beispielsweise in Deutschland an beinahe jedem noch so kleinen Wasserloch die Angelruten auswerfen. Dem Hecht könnte also die gleiche Entwicklung wie dem Kabeljau drohen – das zeigen Modellrechnungen und Langzeitstudien in England.

In Kanada läuft seit 25 Jahren eine wissenschaftliche Studie, die den Einfluss von Anglern auf Forellenbarsche untersucht. Dazu paaren die Forscher Fische miteinander, die sich besonders leicht fangen lassen. Gleichzeitig kreuzen sie auch Exemplare, die kaum anbeißen.

Bereits nach vier Generationen zeigen sich deutliche Unterschiede: Die Nachkommen der schlecht anbeißenden Tiere sind nicht nur gegenüber einem Köder am Angelhaken scheuer, sondern auch in anderen Lebensbereichen inaktiver: So bewachen die Männchen ihre Brut in den eigens gebauten Nestern erheblich schlechter als die gut angelbaren Fische.

Mensch und Meer

Die Kabeljaufischer zielen vor allem auf große Exemplare. Ihre Fangerfolge sorgen dafür, dass sich die kleineren Exemplare stärker vermehren und die Kabeljaupopulationen insgesamt aus kleineren Fischen bestehen.

Viehhaltung auf dem Meer

Fischfarmen lösen das Problem der Überfischung nicht

Die Geschmacksprobe fällt eindeutig aus: Der Ostseelachs aus der Aquakultur schmeckt eher fettig, das Fleisch ist weich. Der Wildfang aus der gleichen Region der Ostsee dagegen überzeugt mit festem, schmackhaftem Fleisch. Rainer Froese jedenfalls würde den Wildfang jederzeit vorziehen. Dabei beobachtet der Fischereibiologe am Leibniz-Institut für Meereswissenschaften (IFM-GEOMAR) in Kiel den Fischfang auf den Weltmeeren mit Sorge, weil viele Arten stark übernutzt und einige Bestände bereits zusammengebrochen sind.

Boomende Aquakultur

Auch wenn 2007 bereits rund ein Drittel der auf dem Globus verzehrten Fische und Meeresfrüchte aus Aquakulturen kamen, so lösen diese Meeresfarmen das Problem nicht. Die gezüchteten Tiere werden nämlich vor allem mit Fischmehl und Fischöl gefüttert. Um aber 1 kg Zuchtfisch zu erhalten, müssen 4–5 kg Fisch im Meer gefangen werden. Fischfarmen verschärfen die Überfischung also eher als das Problem zu lösen, erklärt Rainer Froese.

Vor allem vor den Küsten Chiles und Perus rücken ganze Flotten aus, um den enormen Bedarf an Futterfischen zu decken. Millionen von Tonnen Sardellen und Holzmakrelen aus Südamerika, aber auch Sandaale und Blaue Wittlinge aus der Nordsee und Sprotten und Heringe aus der Ostsee wandern jedes Jahr in die Fischmehlfabriken.

Und das hat Folgen. So lebte vor Peru früher der Seehecht Merluza vor allem von den riesigen Sardellenbeständen, die jetzt kräftig überfischt werden. Dieser Seehecht aber landete schon immer auf den Speisetellern der Peruaner. Seit die Sardellenbestände kleiner werden und die Fischerei auf Merluza zunimmt, brechen die Bestände des Seehechts zusammen. Die Lachse, Forellen, Thunfische und Kabeljaus in den Zuchtanlagen der Welt fressen den Peruanern also indirekt ihre Fischmahlzeit weg.

Unersetzliche Fische

Ohne Fischmehl lassen sich Fischfarmen aber nicht betreiben. Denn es enthält hohe Anteile von schwefelhaltigen Aminosäuren. Füttert man die Fische dagegen mit Sojamehl, das nur geringe Mengen dieser wichtigen Verbindungen enthält, müssen für die rasch wachsenden Jungfische in den Aquakulturen diese Aminosäuren künstlich zugesetzt werden. Das aber wäre so teuer, dass es in der Praxis bisher nirgends angewendet wird.

Aquakultur vor der Kykladeninsel Andros im Mittelmeer. In solchen ringförmigen Netzgehegen werden Fische zu Hunderttausenden gezüchtet – und mit Fischmehl ernährt.

Karpfen statt Lachs

Forelle, Lachs und Thunfisch stehen ganz oben in der Nahrungskette. Fischerei-Experten vergleichen sie mit einem Tiger, der als Säugetier für die menschliche Ernährung auch deshalb nicht in Frage kommt, weil er zuviel Fleisch selber frisst. Der Metzger schlachtet daher lieber den Allesfresser Schwein, das ein wenig mit dem Karpfen verglichen werden kann, der sich ebenfalls von Pflanzen, Würmern und Insekten ernährt. Solche Allesfresser wie Karpfen in Europa und Asien oder die zu den Buntbarschen gehörenden Tilapien aus den Seen und großen Flüssen Afrikas wandern durchaus in die Pfannen der Einheimischen. Oft werden sie in Fischfarmen mit Pflanzenabfällen gefüttert und fressen daher keinen anderen Fischen das Futter weg. Weltweit aber werden für die menschliche Ernährung vor allem die „Tiger des Meeres" mithilfe von Fischmehl und Fischöl in Aquakulturen gezüchtet.

Bedrohte Nomaden

Die Langleinenfischerei tötet zahlreiche Albatrosse

Sie scheinen mit dem Wind zu spielen. Schwarzbrauen-Albatrosse stürzen sich über die Klippen der Falklandinseln und werfen sich in den Sturm. Mit knappen Flügelbewegungen und einem kurzen Rudern der Füße bekommen sie den von Böen gebeutelten Körper wieder unter Kontrolle. Manche werden erst nach Tagen wieder landen, nachdem sie auf der Suche nach Fisch, Tintenfischen und kleinen Krebsen Hunderte von Kilometern über die aufgepeitschte See geflogen sind. Albatrosse sind die Nomaden der südlichen Ozeane. Und sie gehören zu den bedrohtesten Vogelfamilien der Welt.

Der Schwund der Meeresvögel

Fast alle Albatrosarten gelten als gefährdet. Vom Amsterdam-Albatros soll es weltweit nur noch 5 – 8 Brutpaare geben. Die Bestände des Schwarzbrauen-Albatros werden zwar noch auf mehr als 500 000 Brutpaare geschätzt, doch auch diese Art macht Ornithologen Sorgen. Nach wissenschaftlichen Berechnungen ist die Zahl der weißgrauen Vögel mit dem dunklen Strich über den Augen zwischen 1995 und 2000 jährlich um 4 % zurückgegangen. Die weltgrößte Brutkolonie auf Steeple Jason Island im Nordwesten des Falklandarchipels hat in nur drei Jahren 44 000 Brutpaare verloren. Auch für den Wanderalbatros, den mit bis zu 11 kg Gewicht und bis zu 3,5 m Flügelspannweite größten aller flugfähigen Vögel, sieht es nicht gut aus. Etwa 28 000 Brutpaare soll es noch geben. Damit hat sich der Weltbestand in den letzten drei Jahrzehnten halbiert.

Tödliche Haken

Schuld an diesem Rückgang ist nach Ansicht von Ornithologen vor allem die Langleinenfischerei. Aus unzähligen Schiffen spulen sich mehr als 100 km lange Leinen in die Meere. An jeder davon hängen Tausende von Haken mit Fisch- oder Tintenfischstücken als Köder für Thunfische oder die wertvollen Schwarzen Seehechte. Allein die im südlichen Ozean tätigen Thunfischflotten legen jedes Jahr mehr als 200 Mio. Haken aus. Aus der Vogelperspektive sehen die nach einem appetitlichen Imbiss aus. Doch nach einem solchen Köder zu schnappen, kann für einen Seevogel fatal enden: Der scharfe Haken bohrt sich durch Schnabel und Schlund, die Leine zieht das Tier unter Wasser. Zehntausende Albatrosse und andere Seevögel ertrinken so jedes Jahr.

Besonders häufig scheint es die Albatrosweibchen zu treffen. Denn während die Männchen eher weiter im Süden Richtung Antarktis auf Nahrungssuche gehen, fliegen die Weibchen nach Norden – dorthin, wo auch die meisten Fischereiflotten operieren. Mit jedem getöteten Weibchen aber sinkt der Bruterfolg einer Kolonie: Albatrosse gehen eine sehr enge, lebenslange Bindung ein und es dauert oft Jahre, bis sich ein „verwitwetes" Männchen einer neuen Partnerin zuwendet. Und selbst dann ist noch nicht unbedingt für Nachwuchs gesorgt: Oft konkurrieren mehrere Männchen so heftig um die Gunst eines der wenigen Weibchen, dass am Ende keines zum Zug kommt: Das Nest bleibt leer.

> **Schwere Leinen**
>
> *Schon mit einfachen Maßnahmen lassen sich viele Albatrosse vor dem Ertrinken retten. So plädieren Experten für den Einsatz von beschwerten Fischereileinen. Da diese schnell unter Wasser sinken, lassen sie den Vögeln keine Zeit, nach den gefährlichen Haken zu schnappen. Wenn unterwegs kein tödlicher Imbiss lockt, haben die Wanderer der südlichen Meere vielleicht noch eine Chance.*

Der Bestand des bei Neuseeland heimischen Buller-Albatros wird auf bis zu 18 000 Brutpaare geschätzt.

Das Ende im Netz

Die Fischerei bedroht die Schweinswale der Nordsee

Plötzlich taucht eine dreieckige Rückenflosse aus dem Nordseewasser vor Sylt. Glatte schwarze Haut glänzt kurz im Sonnenlicht, bevor das delfinähnliche Tier mit einer eleganten Bewegung wieder abtaucht. Er hat sich gezeigt, der einzige Wal, der vor deutschen Küsten vorkommt. Kaum 2 m lang und 40–90 kg schwer wird so ein Schweinswal. Damit ist er der kleinste Vertreter der Walverwandtschaft.

Walfang wider Willen

Nach Schätzungen aus dem Jahr 2005 sollen in der gesamten Nordsee etwa 231 000

Schweinswale schwimmen, davon 6000 bis 7000 vor der Schleswig-Holsteinischen Küste. Das klingt nach einer ganzen Menge, doch die Tiere sind akut bedroht. Meeresverschmutzung und Störungen durch den zunehmenden Schiffsverkehr machen ihnen zu schaffen, die Fischerei hat die wichtigsten Nahrungsfische wie Heringe und Makrelen dezimiert. Vor allem aber sterben zahlreiche Schweinswale direkt in den Netzen der Fischer.

Mit 6000–7000 toten Tieren pro Jahr ist Dänemark unfreiwillig zu einer der größten Walfangnationen der Welt geworden. Dabei hat eigentlich kein dänischer Fischer Interesse an den kleinen Meeressäugern, deren traniges Fleisch sich ohnehin nicht verkaufen lässt. Doch bei ihrer Jagd auf die Fische des Meeresgrunds verheddern sich Schweinswale oft in den Stellnetzen für Kabeljau, Steinbutt, Schollen und Rochen. Die Tiere können dann nicht mehr auftauchen, ertrinken und gehen als sogenannter Beifang in die Fischereistatistik ein.

Vor allem die Steinbuttnetze sind für die Meeressäuger gefährlich, Experten schätzen, dass auf 100 kg Steinbutt ein toter Schweinswal kommt. In Nordsee und Westatlantik sind die Beifangraten so hoch, dass sie den Bestand der Meeressäuger gefährden.

Krachmacher und Spezialnetze

Wissenschaftler suchen daher nach Möglichkeiten, das Beifangproblem in den Griff zu bekommen. Dazu kann man beispielsweise sogenannte Pinger einsetzen. Das sind Geräte, die an den Netzen befestigt werden und die Tiere mit akustischen Signalen abschrecken. Tatsächlich vertreiben diese Krachmacher die Schweinswale denn auch und verringern die Zahl der getöteten Tiere um erstaunliche 90 %.

Optimal ist diese Methode aber trotzdem nicht. Denn sie hat einen unerwünschten Nebeneffekt. So haben die Kieler Meeresbiologen Boris Culik und Sven Koschinski herausgefunden, dass die Schweinswale im Durchschnitt 500 m Abstand zu den Pingern halten. Da an der dänischen Küste sehr viele Fischer ihre Netze ausbringen, könnten die Meeressäuger auf diese Weise völlig aus dem Gebiet vertrieben werden.

Mehr Erfolg versprechen spezielle Netze, in deren Kunststoff geringe Mengen Schwerspat eingelagert sind. Dieses Material reflektiert die Klicklaute, mit denen sich Schweinswale orientieren, viel besser als herkömmliche Netze. Daher können die Tiere das Spezialnetz wahrscheinlich besser wahrnehmen und ihm aus dem Weg schwimmen.

*Die mit den Delfinen verwandten Schweinswale
leben vor allem in den Meeren auf der Nordhalbkugel.*

Flipper in Gefahr
Wie Delfine geschützt werden

Delfine gehören zu den populärsten Meeresbewohnern, die es überhaupt gibt. Kaum ein Passagier kann sich der Faszination entziehen, wenn die eleganten Schwimmer im Fahrwasser eines Schiffes spielen oder ihre akrobatischen Sprünge präsentieren. In einigen Regionen der Weltmeere aber könnten solche Vorführungen künftig nicht mehr auf dem Spielplan stehen. Denn vielerorts werden Flippers Verwandte immer seltener.

Leere Mägen

Nur selten werden Delfine mit Absicht gefangen. Viele aber verheddern sich in Fischernetzen, können dann zum Atmen nicht mehr auftauchen und ertrinken. Weltweit verenden auf diese Weise jedes Jahr rund 300 000 der eleganten Meeressäuger. Und selbst die Tiere, die den gefährlichen Maschen entgehen, leiden unter einer zu intensiven Fischerei. Das Mittelmeer z. B. ist dermaßen überfischt, dass dort zahlreiche Delfine schlicht verhungern. Nach einer Studie des Mailänder Meeresforschungsinstituts Tethys ist davon z. B. der Gemeine Delfin betroffen. Noch vor ein paar Jahrzehnten gehörte er zu den im Mittelmeer am häufigsten vorkommenden Arten. Doch dann brachen die Bestände dramatisch ein. Im Jahr 2003 hat die Weltnaturschutzunion

IUCN die dortige Population deshalb als „stark gefährdet" auf die Rote Liste der bedrohten Arten gesetzt. Aus der Adria ist der Gemeine Delfin bereits ganz verschwunden und auch im Ionischen Meer sieht es nicht gut für ihn aus. Seit Jahren dokumentieren Wissenschaftler den anhaltenden Delfinschwund vor der griechischen Insel Kalamos. 1996 haben sie dort 150 Gemeine Delfine gezählt, 2007 waren es gerade noch 15. Die Untersuchungen zeigen auch, dass der Rückgang der Tiere wahrscheinlich mit der Fischerei zusammenhängt. Denn sowohl die Fischer als auch die Gemeinen Delfine interessieren sich brennend für Sardinen und Anchovis.
Um die bedrohten Meeressäuger im Mittelmeer zu erhalten, haben die Tethys-Mitarbeiter gemeinsam mit der Whale and Dolphin Conservartion Society (WDCS) und der Walschutzorganisation Ocean Care einen Schutzplan entwickelt, der unter anderem die Fischerei in einigen Regionen einschränken soll.

Die letzten ihrer Art

Ähnliche Probleme haben auch die Delfine in anderen Teilen der Welt. Extrem bedroht ist z. B. der Hector-Delfin, der nur in den Gewässern vor Neuseeland vorkommt. Nur noch etwa 7300 Exemplare dieser nur ca. 1,4 m

langen Meeressäuger sollen vor allem vor der Küste der Südinsel schwimmen. Die Bestände einer Unterart namens Maui-Delfin sind sogar auf gut 100 Tiere geschrumpft. Darunter sind nur noch um die 30 fortpflanzungsfähige Weibchen, sodass es auf das Überleben jedes einzelnen Tieres ankommt.
Zum Schutz der Hector-Delfine haben die neuseeländischen Behörden in großen Teilen ihrer Gewässer den Einsatz von Netzvarianten verboten, die für die Tiere besonders gefährlich sind. In einem Meeresschutzgebiet vor der Banks-Halbinsel wurde die Fischerei sogar ganz untersagt. Dadurch konnte der weitere Rückgang der Tiere dort gestoppt werden.

Ein Abkommen für Delfine
2001 trat das sogenannte ACCOBAMS-Abkommen in Kraft. Hinter dem Kürzel verbirgt sich eine internationale Vereinbarung zum Schutz der Wale und Delfine im Schwarzen Meer, im Mittelmeer und in angrenzenden Teilen des Atlantiks. Die Unterzeichnerstaaten verpflichten sich darin, den Walfang zu verbieten, das versehentliche Fangen der Tiere so weit wie möglich zu reduzieren und Schutzgebiete einzurichten.

Delfine sind Meeressäuger und mit mehr als 40 Arten die größte Familie der Wale. Die in Gruppen zusammenlebenden Tiere sind als sehr schnelle Schwimmer bekannt.

Wale für Lampenöl

Die Riesen der Meere wurden fast ausgerottet

In Wellington hatte man im 19. Jh. ein Problem. Schlafen sei nachts so gut wie unmöglich, klagten die Bewohner der heutigen Hauptstadt von Neuseeland. Zu laut sei das Blasen der Glattwale, die vor der Küste ihre Wasserfontänen gen Himmel schleuderten. Heute dagegen ist es einen Zeitungsartikel wert, wenn so ein Tier vor Wellington auftaucht. So ähnlich war die Entwicklung auch in den anderen Meeren der Welt: Überall haben die Walfänger vergangener Jahrhunderte die Meeresriesen massiv dezimiert.

Margarine und Sprengstoff

Als der Holländer Willem Barents 1596 Spitzbergen entdeckte, staunte er nicht schlecht: Rings um die Inselgruppe im Nordpolarmeer wimmelte es nur so von Walen. Der Forschungsreisende schrieb begeisterte Berichte über diese bis dahin ungenutzte Goldgrube und löste damit einen wahren Walfangboom aus. Engländer und Holländer, Deutsche und Amerikaner setzten alles daran, so viele Meeressäuger wie möglich zu erbeuten. Denn mit deren Bestandteilen konnte man damals allerhand anfangen. Ihr Tran wurde zu Lampenöl und Seife, Schuhcreme und Suppe, Farbe und Margarine. Pottwale wurden gejagt, um an das kostbare Ambra zu kommen. Diese graue Substanz im Darm der Tiere war früher eine beliebte Zutat in der Parfümindustrie. Ungezählte Blau-, Buckel- und Finnwale mussten ihr Leben lassen, damit aus ihren Barten „Fischbein" für Korsetts, Reifröcke und Sonnenschirmstreben gewonnen werden konnte. Und sogar zu militärischen Zwecken wurde Walöl gebraucht. Denn es galt lange als unentbehrliches Ausgangsmaterial für die Herstellung des Sprengstoffs Nitroglycerin. Kein Wunder, dass die Nachfrage nach Walen riesig war und die Fangflotten immer größer wurden. Die leicht zu jagenden Grönlandwale vor Spitzbergen wurden beinahe ausgerottet. Ähnlich ging es fast allen anderen Arten.

Umgangene Verbote

In den 1930er-Jahren wurde klar, dass die Bestände der Meeressäuger zusammenzubrechen drohten. 1931 beschloss der Völkerbund daher ein Abkommen über die Begrenzung des Walfangs, das 1935 in Kraft trat. Allerdings waren wichtige Walfangnationen wie Japan und Großbritannien nicht mit im Boot, sodass sich in der Praxis wenig änderte.
1948 trat dann das „Internationale Übereinkommen zur Regelung des Walfangs" in Kraft. Ziel dieser Vereinbarung ist es, die Walbestände so zu nutzen, dass ihr Überleben gesichert ist. Wie das in der Praxis aussehen soll, regelt die Internationale Walfangkommission (IWC). 1986 verhängte sie ein Verbot des kommerziellen Walfangs. Dieses Verbot ließ allerdings einige Schlupflöcher. Japan rechtfertigt die Aktivitäten seiner weiterhin operierenden Fangflotte mit „wissenschaftlichen Gründen". Man müsse die Tiere aus dem Wasser ziehen, um mehr über ihre Lebensgewohnheiten zu erfahren.
Die Norweger dagegen setzen ihre Jagd auf Zwergwale ganz offen aus kommerziellen Gründen fort. Das Land ist zwar Mitglied der IWC, hat aber gegen das Moratorium Widerspruch eingelegt und ist daher rechtlich nicht daran gebunden. So bestimmt Norwegen jedes Jahr seine eigenen Fangquoten.

Alljährlicher Streit

Auf den jährlich stattfindenden Konferenzen der Internationalen Walfangkommission prallen die Meinungen und Interessen oft heftig aufeinander. Länder wie Japan und Norwegen fordern immer weiter reichende Nutzungen, während beispielsweise die USA, Neuseeland und Deutschland für einen besonders strengen Walschutz plädieren.

Früher war die Jagd auf Wale ein riskantes Unter-
fangen. Die kolorierte Radierung von 1821 zeigt „Die
Gefahren des Walfischfangs".

Was macht der Wal an Land?

Strandende Meeressäuger geben Rätsel auf

Am 15. Januar 2002 meldete das Vermessungsschiff „Komet" drei Pottwalkadaver vor Friedrichskoog. Ein ungewöhnlicher Fund – allerdings nicht der erste seiner Art. Nach einer Statistik der Umweltorganisation Greenpeace hatten die Wellen in den zehn Jahren zuvor mehr als 80 der großen Meeressäuger an die Küsten der Nordsee gespült.

Natürliche Fallen

Die genauen Ursachen für solche Strandungen kennt bisher niemand. Das Rätselraten beginnt schon mit der Frage, was Pottwale überhaupt in der Nordsee suchen. Eigentlich leben die bis zu 20 m langen Riesen nämlich in wesentlich tieferen Gewässern. Aus dem Nordatlantik wandern Pottwalmännchen jedes Jahr nach Süden Richtung Azoren, um sich mit den dort lebenden Weibchen zu paaren. Auf diesem Weg verlieren offenbar manche die Orientierung. Statt an Schottland und Irland vorbei nach Süden zu schwimmen, biegen sie in die Nordsee ab. Dieser Irrtum aber kann fatal sein. Denn die Nordsee wird nach Süden zu immer flacher, leicht können die Tiere dort auf einer Sandbank stranden oder in einem Priel steckenbleiben, der bei Ebbe trockenfällt. Ohne den Auftrieb des Wassers droht der Wal dann von seinem eigenen Gewicht erdrückt zu werden. Meist verenden die Tiere an inneren Verletzungen.

Unklar ist, warum die Wale vom richtigen Weg abkommen. Einige Forscher vermuten, dass sich die Tiere bei ihren Wanderungen am Magnetfeld der Erde orientieren. Eine besondere Anordnung der Magnetfeldlinien führe demnach dazu, dass in bestimmten Regionen besonders viele Wale stranden. Andere halten Meere mit flachen Küsten und vielen Prielen für natürliche „Walfallen". Manche Gebiete scheinen jedenfalls von Natur aus prädestiniert für Strandungen von Walen zu sein.

Zu viel Lärm im Meer

Allerdings werden die Meeresriesen immer wieder auch an Küsten angespült, an denen keine besonders ungünstigen Bedingungen zu herrschen scheinen. Und viele Naturschützer haben den Eindruck, dass sich solche Ereignisse in den letzten Jahren häufen. Da liegt der Verdacht nahe, dass zumindest bei einigen Strandungen auch der Mensch seine Finger im Spiel hat. Die Walschützer von Greenpeace vermuten, dass dabei vor allem der zunehmende Lärm im Meer eine Rolle spielt.

Aus Untersuchungen nach Militärtests weiß man, dass Lärm das Gehör von Walen schädigen und ihre Orientierung stören kann. Bei einer Obduktion von 16 Meeressäugern, die im März 2000 auf den Bahamas strandeten, haben US-Forscher jedenfalls schwere Schäden des Hörsystems, des Gehirns und druckempfindlicher Gewebe festgestellt. Sie vermuten daher einen Zusammenhang zwischen den Strandungen und Experimenten, bei denen die US-Navy kurz zuvor ein besonders starkes Sonar getestet hatte. Einen ähnlichen Fall gab es 2005 im US-Bundesstaat North Carolina. Nach einem Sonareinsatz der Marine strandeten dort 37 Meeressäuger.

Bei den Pottwalen des Nordatlantiks könnte schon der mit der Öl- und Gasförderung verbundene Krach genügen, um die Tiere auf den falschen Kurs zu bringen. Beweisen aber kann man das bisher nicht.

Verwirrende Chemikalien

Neben Lärm könnte es auch noch eine weitere vom Menschen gemachte Ursache für Walstrandungen geben. So gibt es Hinweise darauf, dass die in Schiffsanstrichen verwendete Chemikalie Tributylzinn (TBT) das Gehör von Meeressäugern schädigt. Dadurch können sie möglicherweise ihr Echolot nicht mehr richtig nutzen, mit dem sie sich orientieren.

Für diese im Juli 2002 auf der US-Ferienhalbinsel
Cape Cod angespülten Grindwale kam jede Hilfe zu
spät. Die Tiere mussten eingeschläfert werden.

Wal voraus!

Whale Watching als neue Form der Meeresnutzung

Aufgeregt stehen die Passagiere an der Reling des Schiffes und deuten aufs Meer. Ein gewaltiger Rücken bricht dunkelgrau glänzend aus den Wellen, ein spitzer Buckel ist zu sehen und ein kantiger Kopf. Kein Zweifel: Ein Pottwal ist zum Luftschnappen aufgetaucht. Ein paar Minuten lang bläst er riesige Fontänen in die Höhe, die in der Sonne in allen Regenbogenfarben schillern. Schließlich aber krümmt er den Rücken, streckt die Schwanzflosse hoch in die Luft und verschwindet in der Tiefe. Zufrieden vergleichen die Touristen ihre Fotos und schwärmen von einem beeindruckenden Erlebnis.

Ein Eldorado für Walbeobachter

Es gibt nicht viele Orte auf der Welt, an denen man die bis zu 18 m langen Pottwale so leicht beobachten kann. Denn als Jäger der Tiefsee brauchen die Tiere Meeresgebiete, in denen sie 1000 oder mehr Meter hinabtauchen können. Solche Jagdreviere aber liegen meist weit von jeder Küste entfernt und außerhalb der Reichweite von Ausflugsbooten. Vor der Ostküste von Neuseelands Südinsel allerdings haben Pottwalbeobachter gute Chancen. Denn vom Städtchen Kaikoura aus muss man nur etwa 10 km aufs Meer hinausfahren, um einen Tiefseegraben zu erreichen. Dort halten sich in jedem beliebigen Sommer oder Winter durchschnittlich um die 80 der großen Meeressäuger auf. Daneben lockt das nährstoffreiche Wasser auch andere Meerestiere wie die Schwarzdelfine vor die Küste.

Der Ort hat sich deshalb einen Namen als Eldorado für Walbeobachter gemacht. Jedes Jahr gehen Tausende von Besuchern auf Pottwal- oder Delfinsafari. Welche Folgen aber hat das für die Tiere, die sich Tag für Tag mit Schiffen voller Fans konfrontiert sehen?

Gelassene Riesen

Akribisch haben Meeresbiologen die Pottwale vor Kaikoura beobachtet. Wohin schwimmen die Tiere? Wie lange bleiben sie an der Wasser-

> **Der Waltourismus boomt**
>
> *Die ersten Walbeobachtungstouren wurden schon in den 1950er-Jahren in Kalifornien angeboten. Seither hat sich Whale Watching zu einem rasant wachsenden Tourismuszweig entwickelt. Sofern die Tiere nicht durch zu viele oder zu nah heranfahrende Boote gestört werden, sehen Experten darin eine lukrative Alternative zum Walfang und eine gute Möglichkeit, Menschen für den Walschutz zu gewinnen.*

oberfläche? Wie häufig blasen sie? Und wie oft stoßen sie bei ihren Tauchgängen jene Klicklaute aus, an deren Echos sie sich orientieren? Einige dieser Verhaltensweisen scheinen sich tatsächlich zu verändern, wenn ein Schiff in der Nähe ist. So halten sich die Tiere dann kürzer an der Wasseroberfläche auf und stoßen häufiger ihre Blasfontänen in die Luft. Beides gilt als Stressreaktion. Zudem fangen die Meeressäuger schon kurz nach dem Abtauchen an zu klicken, wenn neben ihnen ein Schiff auf den Wellen schaukelt. Sind sie dagegen allein, lassen sie sich mehr Zeit, bis sie einen solchen Orientierungslaut ausstoßen. Das könnte daran liegen, dass der Lärm der Schiffsmaschinen die Echoortung erschwert. Vielleicht klicken die Tiere schon früher, um trotz der Störungen möglichst viele Echos auffangen zu können.

Insgesamt sind diese Verhaltensunterschiede allerdings eher gering – zumindest bei den Tieren, die sich dauerhaft in der Region aufhalten. Während Artgenossen auf der Durchreise deutlich empfindlicher reagieren, sehen die vor Kaikoura ansässigen Pottwale den alltäglichen Bootsverkehr recht gelassen. Sie haben sich vermutlich daran gewöhnt.

Ein abtauchender Wal zeigt seine Fluke.

Die Welt physisch

Meeresströmungen und Klimazonen der Erde

Klimazonengrenze

Kalte Meeresströmung

Warme Meeresströmung

Polare Zone

Dauerhafte Eisschicht

Polargebiete, sehr kalte Winter

Polargebiete, kalte Winter

Gemäßigte Zone

feuchte Sommer, milde Winter (Maritimes Klima)

warme Sommer, kalte Winter (Kontinentales Klima)

ganzjährig wenig Regen, milde Winter

ganzjährig sehr wenig Regen, milde Winter

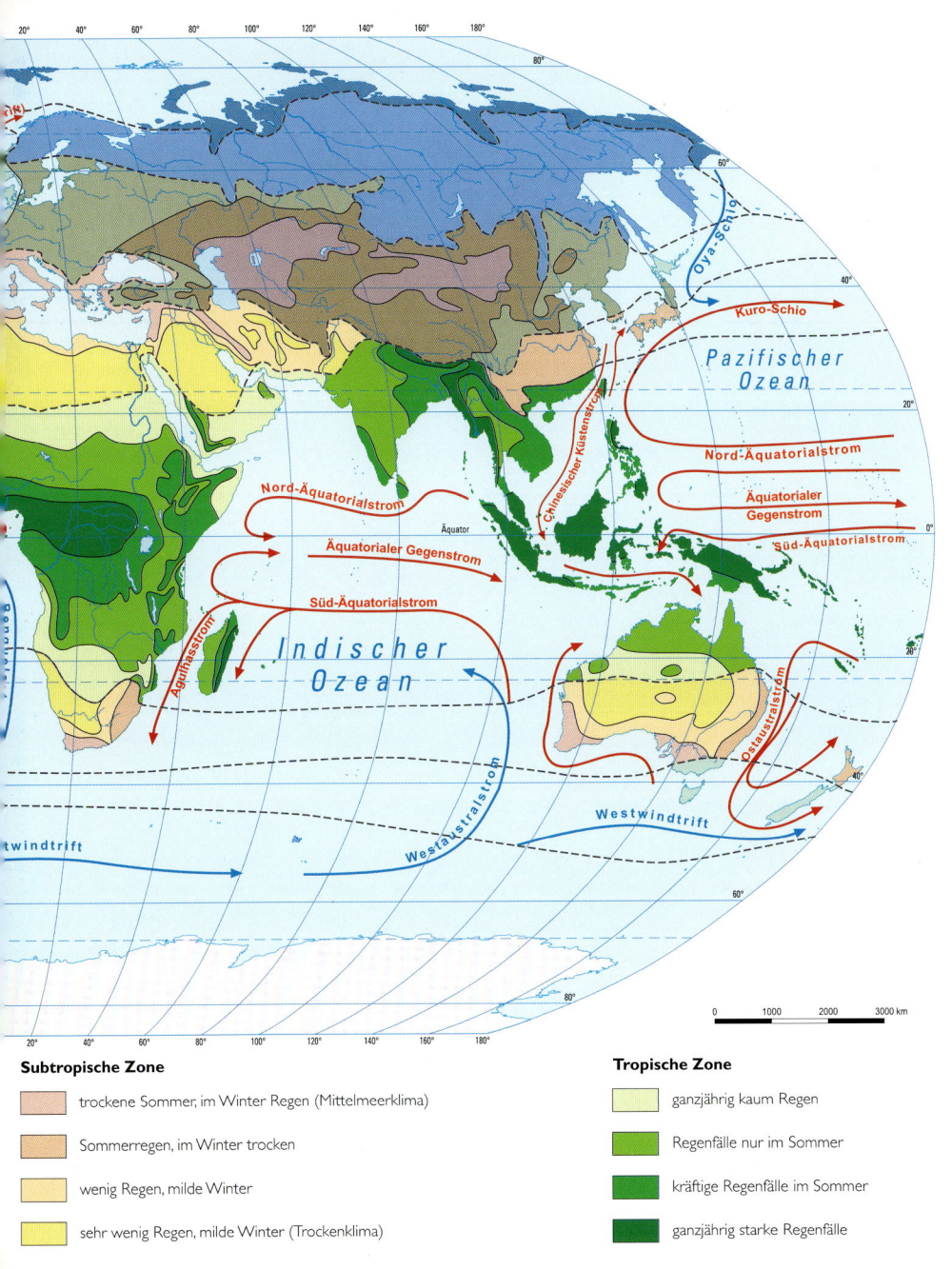

Subtropische Zone

- trockene Sommer, im Winter Regen (Mittelmeerklima)
- Sommerregen, im Winter trocken
- wenig Regen, milde Winter
- sehr wenig Regen, milde Winter (Trockenklima)

Tropische Zone

- ganzjährig kaum Regen
- Regenfälle nur im Sommer
- kräftige Regenfälle im Sommer
- ganzjährig starke Regenfälle

211

Glossar

Albatrosse
Familie von Seevögeln aus der Ordnung der Röhrennasen, die vor allem auf der Südhalbkugel vorkommen.

Algen
Artenreiche Gruppe von einfachen, blütenlosen Pflanzen, die meist im Wasser leben.

Algenblüte
Massenentwicklung von → Algen.

Aminosäuren
Kleine Biomoleküle mit mindestens einer Carboxylgruppe (COOH) und einer Aminogruppe (NH₂). Sie sind die Grundbausteine der → Proteine (Eiweiße) und damit lebenswichtige Bestandteile fast aller Organismen.

Anglerfische (Tiefsee-Anglerfische)
Unterordnung einer „Armflosser" genannten Ordnung von Knochenfischen mit mehr als 100 Arten. Alle diese Arten leben in der Tiefsee. Die Weibchen tragen über dem Maul eine Art Angel, die im Dunkeln leuchtet.

Atoll
Ringförmiges Korallenriff, das einen Kranz von Inseln bildet und eine Lagune umschließt.

Bakterien
Einzellige Mikroorganismen, deren Zellen anders als diejenigen von Tieren und Pflanzen keinen Zellkern enthalten. Bakterien haben so gut wie alle Lebensräume der Erde besiedelt und können sich auf sehr unterschiedlichen Wegen mit Nährstoffen und Energie versorgen. Sie bauen Abfälle und bestimmte chemische Verbindungen ab, wandeln sie in andere Substanzen um und halten so die Stoffkreisläufe in Gang. Ohne diese Leistungen würden die Ökosysteme der Erde zusammenbrechen.

Bartenwale
Eine der beiden Unterordnungen der Wale. Im Gegensatz zu den → Zahnwalen haben diese Meeressäuger keine Zähne im Maul, sondern große Hornplatten, die vom Oberkiefer in die Mundhöhle hängen. Mit diesen Strukturen seihen die Tiere Kleinlebewesen wie → Krill und anderes → Plankton aus dem Wasser. Zu den Bartenwalen gehören z. B. → Blauwal, → Finnwal und Buckelwal.

Beifang
Meerestiere, die unbeabsichtigt in Netzen oder an Leinen verenden, die eigentlich für andere Arten ausgeworfen wurden.

Biolumineszenz
Lichterzeugung durch Lebewesen. Mithilfe des Moleküls Luziferin und des Enzyms Luziferase können etliche Organismen auf biochemischem Weg ihr eigenes Leuchten erzeugen. Viele Tiefseebewohner nutzen diesen Vorgang, um Signale auszusenden und Beute anzulocken.

Blauwal
Größter aller → Bartenwale. Mit bis zu 33,5 m Länge und 200 t Gewicht das größte und schwerste bekannte Tier, das je auf der Erde gelebt hat.

Braunalgen
Gruppe von mehrzelligen → Algen, die sehr formenreich ist. Das Spektrum reicht von kleinen, fadenförmigen Gewächsen bis zu meterlangen Pflanzen mit Blättern. Die braune Farbe kommt von sogenannten Fucoxanthinen, die den grünen Pflanzenfarbstoff Chlorophyll überdecken.

Chemosynthese
Form der Energiegewinnung, die mehrere Gruppen von Bakterien beherrschen. In verschiedenen Reaktionen setzen diese Organismen einfache anorganische Verbindungen wie → Schwefelwasserstoff oder Ammoniak um und nutzen die dabei frei werdende Energie, um ihre Körperbausteine zu produzieren und ihren Stoffwechsel in Gang zu halten.

Cyanobakterien
Einzellige Mikroorganismen, die auch als „Blaualgen" bekannt sind. Früher wurden diese Lebewesen zu den Algen gerechnet,

weil sie wie Pflanzen mithilfe der → Fotosynthese Energie aus Sonnenlicht gewinnen können. Da sie aber anders als die Algen keinen echten Zellkern haben, zählen sie heute zu den → Bakterien.

Deich
Künstlich aufgeschütteter Damm zum Küstenschutz und oft auch zur Landgewinnung an Meeresküsten. Schützt die dahinter gelegenen Regionen vor Überflutungen.

Diatomeen
Auch „Kieselalgen" genannte Einzeller, von denen Biologen heute etwa 6000 verschiedene Arten unterscheiden. Diese Organismen bilden zusammen mit den → Dinoflagellaten den größten Teil des → Phytoplanktons im Meer.

Dinoflagellaten
Auch „Panzergeißler" genannte, meist einzellige Algen, von denen mehr als 1000 Arten bekannt sind. Zusammen mit den → Diatomeen bilden sie den größten Teil des → Phytoplanktons im Meer. Einige Arten neigen zu Massenentwicklungen, die das Meer rot oder bräunlich färben („red tide"). Diese können Gifte produzieren, die Fischsterben auslösen und auch für Menschen gefährlich sein können. Andere Dinoflagellaten lösen mithilfe der → Biolumineszenz das Meeresleuchten aus.

Dynamitfischen
Zerstörerische und fast in allen Staaten verbotene Fischereimethode, bei der Dynamit oder andere Sprengstoffe ins Wasser geworfen werden. Die Explosion tötet oder betäubt die Fische, sodass sie mit Keschern aus dem Wasser gezogen werden können.

Ebbe
Sinken des Meeresspiegels infolge der → Gezeiten.

Einhüllen-Tanker
Herkömmlicher Typ von Öltankern mit nur einer Außenwand. Da diese Schiffe schon viele Ölkatastrophen ausgelöst haben, dürfen sie die Häfen der EU nicht mehr anlaufen und werden auch weltweit nach und nach aus dem Verkehr gezogen. Ab 2015 dürfen nur noch die sichereren Doppelhüllentanker die Weltmeere befahren.

Entsalzung
Gewinnung von Trink- oder Brauchwasser aus Meerwasser. Dabei werden die gelösten Salze mit energieaufwendigen technischen Verfahren abgeschieden. Das so gewonnene Kochsalz kann verwertet werden.

Erdbeben
Das ruckartige Lösen ineinander verhakter Erdplatten löst Schwingungen aus, die Erdbeben genannt werden. Finden solche Erschütterungen unter dem Meeresboden statt und ist ein Teil oder die gesamte Bewegung nach oben und unten gerichtet, wird das darüber liegende Wasser angehoben oder abgesenkt. Die so entstehende Welle ist im Meer zwar nicht hoch, ihre riesige Energie aber lässt einen solchen → Tsunami im flachen Wasser sehr hoch werden.

Finnwal
Sehr großer → Bartenwal. Der nächste Verwandte des → Blauwals ist mit bis zu 27 m Länge das zweitgrößte Tier der Erde. Die eher schlanken Finnwale bringen es allerdings „nur" auf etwa 70 t Gewicht und wiegen damit weniger als manche kleineren Wale wie Grönlandwal oder → Pottwal.

Flut
Steigen des Meeresspiegels infolge der → Gezeiten.

Fossilien
Oft versteinerte Lebewesen und deren Spuren aus früheren Epochen der Erdgeschichte.

Fotosynthese
Erzeugung von Biomolekülen, bei der die Energie des Sonnenlichts mit Farbstoffen aufgefangen und in chemische Energie umgewandelt wird, die anschließend zum Aufbau der Grundstoffe des Lebens verwendet werden. Heute beziehen die meisten

Organismen ihre Energie direkt oder indirekt über die Fotosynthese. Es gibt aber auch Organismen, die chemische Energie oder sogar Radioaktivität für ihre Lebensprozesse nutzen und so vom Sonnenlicht unabhängig sind.

Gezeiten
Durch die Anziehungskräfte von Mond und Sonne verursachtes Wechselspiel von Hoch- und Niedrigwasser in den Weltmeeren.

Gondwana
Großer Kontinent auf der Südhalbkugel, der aus Südamerika, Afrika, Vorderindien, Australien und Antarktika bestand. Gondwana entstand im Präkambrium vor etwa 600 Mio. Jahren. Anschließend verband es sich vor etwa 360 Mio. Jahren mit weiteren Kontinenten zu einem noch größeren Gebilde namens → Pangäa. Vor 180 Mio. Jahren wurde Gondwana dann wieder ein eigenständiger Kontinent, der schließlich vor 150 Mio. Jahren zerbrach.

Hurrikan
Tropischer → Wirbelsturm im Atlantik, der mindestens Orkanstärke (mehr als 118 km/h) erreicht. Die meisten Hurrikane entstehen im Bereich der Karibik, der Westindischen Inseln und des Golfes von Mexiko.

Hydrothermalquelle
Stelle, an der heißes Wasser aus der Erde quillt.

Internationale Walfangkommission (IWC)
Gremium des Internationalen Übereinkommens zur Regelung des Walfangs. Die IWC legt u. a. Fangquoten für Wale fest.

Kalmare
Gruppe der zehnarmigen → Tintenfische.

Kambrium
Erdzeitalter, das vor etwa 542 Mio. Jahren begann und vor etwa 488 Mio. Jahren endete. Damals entwickelten sich in sehr kurzer Zeit und anscheinend explosionsartig die grundlegenden Baupläne vieler mehrzelliger Tierstämme, die seither auf der Erde leben.

Kaventsmann
Seemannswort für eine außergewöhnlich hohe, meist auch besonders steile Welle, die auch → Monsterwelle genannt wird.

Klimawandel
Veränderung des Klimas auf der Erde über einen längeren Zeitraum. Darunter fällt z. B. die derzeit stattfindende globale Erwärmung, die der Mensch durch das Freisetzen von → Kohlendioxid und anderen → Treibhausgasen verursacht. In neuerer Zeit tritt der Begriff des natürlichen Klimawandels allerdings zunehmend in den Hintergrund, vor allem im politisch-gesellschaftlichen Bereich meint „Klimawandel" daher inzwi-

schen meist nur noch den von Menschen ausgelösten Klimawandel.

Kohlendioxid
Gasförmige Verbindung aus Kohlenstoff und Sauerstoff mit der chemischen Formel CO_2. Kohlendioxid ist ein natürlicher Bestandteil der Luft mit einem Anteil von derzeit etwa 0,04 %. Die Konzentration des Gases in der Atmosphäre beeinflusst das Klima: Je mehr CO_2 dort vorhanden ist, desto wärmer ist es auf der Erde (Treibhauseffekt). Der Mensch setzt durch das Verbrennen von Kohle, Erdgas und Öl große Mengen Kohlendioxid frei und verursacht damit einen → Klimawandel.

Korallen
Sesshafte, koloniebildende Nesseltiere. Am bekanntesten sind die → Steinkorallen, die Baumeister der Korallenriffe.

Korallenbleiche
Krankheit der → Korallen, die häufig bei zu hohen Wassertemperaturen auftritt. Betroffene Korallen verlieren die Algen, mit denen sie zusammenleben und bleichen dadurch aus. Ganze → Riffe können so absterben.

Krill
Garnelenähnliche Kleinkrebse, die zum → Zooplankton gehören. In den Meeren der Antarktis kommt Krill in riesigen Schwärmen vor und ernährt einen großen Teil der dorti-

gen Lebewesen. Selbst die riesigen → Bartenwale füllen ihre Mägen mit Unmengen dieser Organismen.

Langleinenfischerei
Form der industriell betriebenen Hochseefischerei, bei der bis zu 130 km lange Leinen mit 20 000 Köderhaken verwendet werden. Gefangen werden so z. B. Thunfische und Schwarze Seehechte. Dabei werden als → Beifang auch zahlreiche Seevögel, Meeresschildkröten, Haie und Rochen getötet.

Logbuch
Aufzeichnungen von Seefahrern, in denen beispielsweise Angaben zu Position, Kurs und Wetter, aber auch die täglichen Ereignisse an Bord festgehalten werden.

Manganknollen
Mineralien, die sich am Meeresgrund oft um abgestorbene Organismen herum bilden und als wichtigen Bestandteil Mangan haben. Manganknollen enthalten auch Kupfer, Kobalt, Zink und Nickel, die einen Manganknollenbergbau lukrativ machen könnten.

Mangroven
Salztolerante Bäume, die im → Gezeitenbereich tropischer und subtropischer Küsten wachsen. Mangrovenwälder wurden vielerorts vernichtet, um andere Nutzungen an der Küste zu ermöglichen.

Marianengraben
Tiefseegraben im westlichen Pazifik ungefähr 2000 km östlich der Philippinen. Dort befindet sich im Witjas-Tief die mit 11 034 m tiefste Stelle der Weltmeere.

Medusen
Anderer Begriff für die frei schwebenden Formen der → Quallen.

Methan
Molekül aus einem Kohlenstoff- und vier Wasserstoffatomen. Am Meeresgrund lagern stellenweise riesige Mengen Methan in Form sogenannter Clathrate, die der → Klimawandel freisetzen könnte. Da Methan ein starkes → Treibhausgas ist, könnte dieser Prozess den Klimawandel stark beschleunigen.

Mitochondrien
Winzige Organe oder besser Organellen, die für die Energieversorgung lebender Zellen zuständig sind.

Mittelozeanische Rücken
Langgezogene Gebiete in den Weltmeeren, in denen aufsteigende Gesteine aus dem Erdinnern neue Ozeanplatten bilden.

Monsterwellen
Extrem hohe und steile Wellen, die oft durch Überlagerung normaler Wellen entstehen, mit über 30 m Höhe aber doppelt so hoch

werden. Daher können sie Schiffen und → Bohrplattformen leicht gefährlich werden. Seeleute bezeichnen sie oft auch als → Kaventsmann.

Orca
Größte Art in der Familie der Delfine, wegen seiner mächtigen Rückenflosse auch → Schwertwal genannt. Weil Orcas auch andere Wale angreifen, werden sie gelegentlich „Killerwale" genannt.

Packeis
Aufeinandergeschobene Eisschollen auf dem Meer. In der Arktis bedeckt Packeis je nach Jahreszeit bis zu 13 Mio. km², um die Antarktis beträgt die Packeisfläche bis zu 20 Mio. km².

Pangäa
Alle großen Landmassen der Erde hingen vor 300 bis 150 Mio. Jahren zusammen. Diesen Superkontinent nennen Geoforscher Pangäa.

Panthalassa
Weltumspannender Ozean, der den Superkontinent → Pangäa umgab.

Phytoplankton
Winzige Organismen, die ohne eigenen Antrieb im Wasser schweben und über die → Fotosynthese Energie für ihre Lebensprozesse gewinnen.

Plankton

Frei im Wasser schwebende Organismen ohne eigenen Antrieb. Das meiste Plankton ist sehr klein. Allerdings gibt es davon auch Ausnahmen wie eine bis zu 9 m große → Qualle, die ebenfalls keinen eigenen Antrieb hat und daher zum Plankton gezählt wird.

Plattentektonik

Theorie zur Bewegung der verschiedenen Platten, in die sich die obersten Kilometer der Erdkruste aufteilen und die sich gegeneinander langsam, aber stetig bewegen.

Polyp

Lebensstadium bei Nesseltieren in Form eines hohlen Zylinders mit einer von Tentakeln umgebenen Mundöffnung. Die Polypen der → Steinkorallen bauen Riffe im Meer auf.

Polyzyklische Aromatische Kohlenwasserstoffe

Natürliche Bestandteile von Erdöl, die nach Tankerunglücken das Meer belasten. Polyzyklische Aromatische Kohlenwasserstoffe sind langlebige und zum Teil krebserregende Verbindungen, die schon in geringen Konzentrationen sehr giftig sind.

Pottwal

Bis zu 18 m langer und 50 t schwerer Wal, der in der Tiefsee jagt. Pottwale sind die größten Tiere auf der Erde, die Zähne haben.

Quallen

Gallertartige Organismen, die zu 99 % aus Wasser bestehen. Quallen gehören zu den Nesseltieren und bilden in ihren älteren Lebensstadien einen großen Schirm, an dem der Magenstil mit der Mundöffnung hängt.

Quastenflosser

Mindestens 400 Mio. Jahre alte Vertreter der „Fleischflosser", von denen mindestens zwei Arten bis heute überlebt haben.

Riff

Lang gestreckte Erhebung am Meeresboden, die bis knapp unter oder auch über den Wasserspiegel hinausreicht. Riffe können aus Felsen oder aus den Kalkgehäusen bestimmter Nesseltiere bestehen, den → Steinkorallen.

Rotalgen

Meist mehrzellige Organismen, die vor allem im Salzwasser vorkommen und über → Fotosynthese ihre Lebensenergie beziehen.

Salzwiesen

Wiesen am Meeresrand, die bei stärkerem Hochwasser überflutet werden und daher sehr salzhaltig sind. Sie werden auch als „Deichvorland" bezeichnet.

Schwämme

Stamm sesshaft im Wasser lebender Tiere, die zwischen wenigen Millimetern und drei Metern groß werden. Schwämme haben keine Organe und filtern ihre Nahrung aus dem Wasser.

Schwarzer Raucher

Minigeysir am Meeresgrund, aus dem sehr heißes Wasser austritt. Enthaltene Schwefelverbindungen fallen beim Kontakt mit dem kalten Wasser der Umgebung als meist schwarze Mineralien aus, die der Erscheinung ihren Namen geben.

Schweinswal

Familie kleiner → Zahnwale, die mit den Delfinen eng verwandt sind. Der Gewöhnliche Schweinswal lebt in Nord- und Ostsee.

Schwertwal

Anderer Name für den → Orca.

Springflut

Stärker als normal auflaufende → Flut. Sie entsteht, wenn bei Voll- oder bei Neumond Sonne und Mond in eine Richtung ziehen.

Steinkorallen

Sesshafte Nesseltiere, die an ihrer Basis Kalk abscheiden, aus dem sich mit der Zeit ein schützendes Skelett bildet. Sinkt der Meeresboden ab oder steigt der Wasserspiegel, wachsen diese Skelette der Wasseroberfläche hinterher: Ein → Riff entsteht.

Tethys
Urozean im Osten des Superkontinents → Pangäa mit besonders vor 200 Mio. Jahren ausgedehnten und sehr flachen Randmeeren vor allem im Bereich des heutigen Europas.

Tidenhub
Unterschied zwischen dem höchsten Wasserstand bei → Flut und dem niedrigsten Wasserstand bei → Ebbe.

Tiefsee
Meeresbereiche, in denen kein Licht mehr bis auf den Grund fällt. Das ist normalerweise bei ungefähr 800 m Wassertiefe der Fall. Mehr als 70 % der Weltmeere gehören daher zur Tiefsee.

Tintenfische
Gruppe der Weichtiere, die auch als „Kopffüßer" bezeichnet wird. Man unterscheidet zehnarmige Tintenfische wie die → Kalmare, Sepien und Posthörnchen und achtarmige wie die Kraken. Die Kraken, zu denen auch der Oktopus gehört, gelten als die intelligentesten Weichtiere überhaupt, viele Arten können zudem rasch die Farbe wechseln.

Treibhausgase
Gase in der Luft, die Wärmestrahlung abgeben und so die Atmosphäre aufheizen. Sie spielen eine wichtige Rolle beim → Klimawandel. Wichtige vom Menschen freigesetzte Treibhausgase sind → Kohlendioxid, → Methan und Lachgas.

Tributylzinn (TBT)
Giftiger, langlebiger und hormonell wirksamer Schadstoff aus Schiffsanstrichen. Seit 2003 darf die Substanz nach den Vorschriften der Internationalen Seeschifffahrtsorganisation IMO zu diesem Zweck nicht mehr eingesetzt werden.

Tsunami
Japanisches Wort für „Hafenwelle". Tsunamis entstehen meist durch → Erdbeben, sind auf hoher See flach, türmen sich aber im flachen Wasser zu gewaltigen Wellen auf.

Washingtoner Artenschutzabkommen (CITES)
Am 3. März 1973 unterzeichnete internationale Vereinbarung, die den weltweiten Handel mit bedrohten Arten beschränkt und kontrolliert.

Wasseranomalie
Wasser hat seine größte Dichte bei 3,98 °C und dehnt sich bei niedrigeren Temperaturen sowie beim Übergang in den festen Zustand „Eis" aus. Daher schwimmt Eis auf dem Wasser, während bei nahezu allen anderen bekannten Substanzen der feste Zustand schwerer als der flüssige ist und daher untergeht.

Watt
Sehr produktiver Übergangsbereich zwischen Meer und Land an der Küste der Nordsee, der bei Hochwasser überflutet ist und bei Niedrigwasser trockenfällt.

Wirbelsturm
Oft auf dem Meer entstehender Sturm, bei dem sich der Wind um eine senkrechte Achse in der Mitte dreht. Wirbelstürme entstehen über dem warmen Wasser der Tropen und haben je nach Region unterschiedliche Namen. Im Atlantik heißen sie → Hurrikane, andere Bezeichnungen sind Zyklon oder Taifun.

Zahnwale
Eine der beiden Unterordnungen der Wale. Anders als die → Bartenwale besitzen diese Fleischfresser Zähne, mit denen sie Fische, Tintenfische und Meeressäuger zur Strecke bringen. Zu dieser Gruppe gehören beispielsweise → Schweinswale, Delfine, → Orcas und als ihr größter Vertreter der → Pottwal.

Zooplankton
Tierisches → Plankton.

Register